U0917812

高等职业教育“十二五”规划教材

Tujian Shuxue Shixun

土建数学实训

陈秀华 刘 淋 编著

人民交通出版社股份有限公司
China Communications Press Co.,Ltd.

内 容 提 要

本书是高等职业教育"十二五"规划教材《土建数学》的配套实训教材.本书主要系统介绍数学软件 Maltab 的具体应用,简要介绍 LINGO 软件、SPSS 软件的使用及应用实例,具体内容包括:数学建模与 Matlab 简介、微积分运算及优化模型、微分方程及其模型、概率统计与回归模型、线性代数与规划模型、SPSS 使用简介与回归实例、LINGO 简介及应用实例、数学建模竞赛论文精选与点评等.

本书可作为高职院校各专业数学建模、数学实验(实训)课程的教材,也可作为"全国大学生数学建模竞赛"和各级高职技能大赛数学建模赛项的辅导及培训教材.

图书在版编目(CIP)数据

土建数学实训 / 陈秀华,刘淋主编. -- 北京 :人民交通出版社股份有限公司, 2014.10

高等职业教育"十二五"规划教材

ISBN 978-7-114-11553-0

Ⅰ.①土… Ⅱ.①陈… ②刘… Ⅲ.①土木工程—工程教学—高等职业教育—教材 Ⅳ.①TU12

中国版本图书馆 CIP 数据核字(2014)第 156494 号

高等职业教育"十二五"规划教材

书　　名:**土建数学实训**
著 作 者:陈秀华　刘　淋
责任编辑:丁润铎　司昌静　李学会
出版发行:人民交通出版社股份有限公司
地　　址:(100011)北京市朝阳区安定门外外馆斜街 3 号
网　　址:http://www.ccpress.com.cn
销售电话:(010)59757973
总 经 销:人民交通出版社股份有限公司发行部
经　　销:各地新华书店
印　　刷:北京鑫正大印刷有限公司
开　　本:787×1092　1/16
印　　张:8.5
字　　数:217 千
版　　次:2014 年 10 月　第 1 版
印　　次:2014 年 10 月　第 1 次印刷
书　　号:ISBN 978-7-114-11553-0
定　　价:25.00 元
(有印刷、装订质量问题的图书由本公司负责调换)

前　言

为适应高职教育特点，突出职业能力培养，体现教、学、做一体的教学设计理念，本书以实际问题的简化模型及数学软件的实际应用组织教材内容，“以能力为本位、以应用为主线、以案例为载体”，为教学过程中实施任务驱动教学、案例教学、项目教学提供良好的支撑.

本书是高职院校工程类各专业数学建模、数学实验课程的实训教材，具有较强的操作性和实践性；将高等数学的相关知识深度融入数学建模和数学实验的教学过程，有利于学生掌握数学建模的思想和方法，培养学生运用数学软件求解数学问题的能力，并有助于培养学生思考问题、解决问题的能力和团队合作精神.

本书共分八个单元，主要系统介绍数学软件 Maltab 的具体应用，简要介绍 LINGO 软件、SPSS 软件的使用及应用实例，具体内容包括：数学建模与 Matlab 简介、微积分运算及优化模型、微分方程及其模型、概率统计与回归模型、线性代数与规划模型、SPSS 使用简介与回归实例、LINGO 简介及应用实例、数学建模竞赛论文精选与点评等.

本书由福建船政交通职业学院陈秀华副教授和刘淋老师编著. 陈秀华负责全书的编写框架及编写大纲，并具体编写第一至第七单元、附录一和附录二；第八单元由陈秀华和刘淋共同编写；全书由陈秀华统稿.

本书的编写得到了福建船政交通职业学院道路工程系主任周志坚教授、教务处长高杰副教授、公共教学部金秋蓉副教授以及数学建模指导组的老师们的大力支持和帮助，本书的编审和出版得到了人民交通出版社股份有限公司有关领导和编辑的鼎力支持，在此谨致谢忱！

陈秀华

2014 年 7 月

目　　录

第一单元　数学建模与 Matlab 简介

模块一　数学建模及 Matlab 概述

1.1　数学建模概述

1.1.1　数学模型与数学建模

简单地说,数学模型就是对实际问题的一种数学表述.具体一点说:数学模型是关于部分现实世界为某种目的的一个抽象的、简化的数学结构.更确切地说,数学模型就是对于一个特定的对象,为了一个特定目标,根据特有的内在规律,做出一些必要的简化假设,运用适当的数学工具,得到的一个数学结构.数学结构可以是数学公式、算法、表格、图示等.数学建模就是建立数学模型,建立数学模型的过程就是数学建模的过程(见数学建模过程流程图).数学建模是一种数学的思考方法,是运用数学的语言和方法,通过抽象、简化建立能近似刻划并"解决"实际问题的一种强有力的数学手段.

1985 年在美国出现的称为 MCM 的一年一度大学生数学模型竞赛(1987 年全称为 Mathematical Competition in Modeling,1988 年全称改为 Mathematical Contest in Modeling,其缩写均为 MCM),在国际上产生很大影响,现已成为国际性的大学生的一项著名赛事.该竞赛每年 2 月或 3 月进行.我国自 1989 年首次参加这一竞赛,历届均取得优异成绩.经过数年参赛表明,中国大学生在数学建模方面是有竞争力和创新联想能力的.为使这一赛事更广泛地开展,1990 年中国工业与应用数学学会开始主办全国大学生数学建模竞赛(简称 CMCM,后与教育部联合主办),该项赛事每年 9 月进行.

数学模型竞赛与通常的数学竞赛不同,它来自实际问题或有明确的实际背景.它的宗旨是培养大学生用数学方法解决实际问题的意识和能力,整个赛事是完成一篇包括问题的阐述分析,模型的假设和建立,计算结果及讨论的论文.通过训练和比赛,同学们不仅用数学方法解决实际问题的意识和能力有很大提高,而且在团结合作发挥集体力量攻关,以及撰写科技论文等方面都会得到十分有益的锻炼.

1.1.2　数学模型概念与分类

模型是把对象实体通过适当的过滤,用适当的表现规则描绘出的简洁模仿品.通过这个模仿品,人们可以了解所研究实体的本质,而且在形式上便于人们对实体进行分析和处理.

每一个从客观世界中抽象出来的数学概念、数学分支都是客观世界中某种具体事物的数学模型.例如,自然数 1 就是具体的一只羊、一头牛等的数学模型;而直线就是光线、木棍等的数学模型.

数学模型是对于现实世界的某一特定对象,为了某个特定目的,做出一些必要的简化和假设,运用适当的数学工具得到的一个数学结构.它或者能解释特定现象的现实状态,或者能预测对象的未来状态,或者能提供处理对象的最优决策或控制.

按应用领域,模型可分为:

①生物数学模型;②医学数学模型;③地质数学模型;④数量经济学模型;⑤数学社会学模型.

按是否考虑随机因素,模型可分为:

①确定性模型;②随机性模型.

按是否考虑模型的变化,模型可分为:

①静态模型;②动态模型.

按应用离散方法或连续方法,模型可分为:

①离散模型;②连续模型.

按建立模型的数学方法,模型可分为:

①微分方程模型;②图论模型;③规划论模型;④马氏链模型;⑤几何模型.

1.1.3 数学建模方法及步骤

一般来说,数学建模方法大体上可分为机理分析和测试分析两种.

机理分析是根据对客观事物特征的认识,找出反映内部机理的数量规律,建立的数学模型常有明确的物理意义.

测试分析是将研究对象看作一个"黑箱"(即内部机理看不清楚),通过对测量数据的统计分析,找出与数据拟合得最好的模型.

建模是一种十分复杂的创造性劳动,现实世界中的事物形形色色、五花八门,不可能用一些条条框框规定出各种模型具体如何建立,这里只是大致归纳一下建模的一般步骤和原则.

(1)模型准备:首先要了解问题的实际背景,明确题目的要求,收集各种必要的信息.

(2)模型假设:为了利用数学方法,通常要对问题做出必要的、合理的假设,使问题的主要特征凸现出来,忽略问题的次要方面.

(3)模型构成:根据所做的假设以及事物之间的联系,构造各种量之间的关系,把问题化为数学问题,注意要尽量采用简单的数学工具.

(4)模型求解:利用已知的数学方法来求解上一步所得到的数学问题,此时往往还要做出进一步的简化或假设.

(5)模型分析:对所得到的解答进行分析,特别要注意当数据变化时所得结果是否稳定.

(6)模型检验:分析所得结果的实际意义,与实际情况进行比较,看是否符合实际;如果不够理想,应该修改、补充假设,或重新建模,不断完善.

(7)模型应用:所建立的模型必须在实际应用中才能产生效益,在应用中不断改进和完善.

1.1.4 数学建模的意义

数学作为一门研究现实世界数量关系和空间形式的科学,在它产生和发展的历史长河中,一直是和人们生活的实际需要密切相关的.作为用数学方法解决实际问题的第一步,数学建模自然有着与数学同样悠久的历史.两千多年以前创立的欧几里德几何,17 世纪发现的牛顿万

有引力定律,都是科学发展史上数学建模的成功范例.

21 世纪以来,随着数学以空前的广度和深度向一切领域渗透,以及电子计算机的出现与飞速发展,数学建模越来越受到人们的重视,一些交叉学科如计量经济学、人口控制论、数学生态学、数学地质学等应运而生. 一般来说,不存在作为支配关系的物理定律,当用数学方法研究这些领域中的定量关系时,数学建模就成为首要的、关键的步骤和这些学科发展与应用的基础. 在这些领域里建立不同类型、不同方法、不同深浅程度模型的余地相当大,为数学建模提供了广阔的新天地. 展望未来,数学必将大踏步地进入所有学科,数学建模将迎来蓬勃发展的新时期.

1.2　Matlab 简介

1.2.1　Matlab 的产生

在 20 世纪 70 年代中期,Cleve Moler 博士和其同事在美国国家科学基金的资助下开发了调用 Eispack 和 Linpack 的 Fortran 子程序库. Eispack 是特征值求解的 Fortran 程序库,Linpack 是解线性方程的程序库. 在当时,这两个程序库代表矩阵运算的最高水平.

1983 年春天,Cleve Moler 到斯坦福大学讲学,Matlab 深深地吸引了工程师 John Little. 同年,他和 Cleve Moler、Sieve Bangert 一起,用 C 语言开发了第二代专业版. 这一代的 Matlab 语言同时具备了数值计算和数据图示化的功能.

1984 年,Cleve Moler 和 John Lithe 成立了 MathWorks 公司,正式把 Matlab 推向市场,并继续进行 Matlab 的研究和开发.

在当今众多数学类科技应用软件中,就软件数学处理的原始内核而言,可分为两大类. 一类是数值计算型软件,如 Matlab、Xmath、Gauss 等,这类软件长于数值计算,对处理大批数据效率高;另一类是数学分析型软件,如 Mathematica、Maple 等,这类软件以符号计算见长,能给出解析解和任意精度解,其缺点是处理大量数据时效率较低. MathWorks 公司顺应多功能需求之潮流,在其卓越数值计算和图示能力的基础上,又率先在专业水平上开拓了其符号计算、文字处理、可视化建模和实时控制能力,开发了适合多学科、多部门要求的新一代科技应用软件 Matlab. 经过多年的国际竞争,Matlab 已经占据了数值型软件市场的主导地位.

1.2.2　Matlab 的语言特点

Matlab 最突出的特点就是简洁,给用户带来的是最直观、最简洁的程序开发环境. 以下简单介绍一下 Matlab 的主要特点.

(1)语言简洁紧凑,使用方便灵活,库函数极其丰富. Matlab 程序书写形式自由,利用其丰富的库函数避开了繁杂的子程序编程任务,压缩了一切不必要的编程工作.

(2)运算符丰富. 由于 Matlab 是用 C 语言编写的,Matlab 提供了和 C 语言几乎一样多的运算符,灵活使用 Matlab 的运算符将使程序变得极为简短.

(3)Matlab 既具有结构化的控制语句(如 for 循环、while 循环、break 语句和 if 语句),又有面向对象编程的特性.

(4)语法限制不严格,程序设计自由度大. 例如,在 Matlab 里,用户无需对矩阵预定义就可使用.

(5)程序的可移植性很好,基本上不做修改就可以在各种型号的计算机和操作系统上运行.

(6)Matlab 的图形功能强大.在 Fortran 和 C 语言里,绘图都很不容易,但在 Matlab 里,数据的可视化非常简单.Matlab 还具有较强的编辑图形界面的能力.

(7)Matlab 的缺点是,它和其他高级程序相比,程序的执行速度较慢.由于 Matlab 的程序不用编译等预处理,也不生成可执行文件,程序为解释执行,所以速度较慢.

(8)功能强劲的工具箱是 Matlab 的另一重大特色.Matlab 包含两个部分:核心部分和各种可选的工具箱.核心部分中有数百个核心内部函数.其工具箱又可分为两类:功能性工具箱和学科性工具箱.

模块二　Matlab 基本操作

2.1　Matlab 的安装与使用

2.1.1　安装 Matlab

和安装大多数软件一样,只要把 Matlab 7.0 安装盘插入光驱,它就会自动启动安装程序,用户可以根据安装程序的提示和个人需要顺利地完成 Matlab 7.0 的安装.当然,用户的硬件和软件系统是要符合 Matlab 7.0 的安装需求的.

2.1.2　打开 Matlab

如果桌面上有 Matlab 快捷按钮,即图标,用户就可以点击该图标来打开 Matlab.用户也可以从开始菜单中打开 Matlab,如图 2.1 所示.

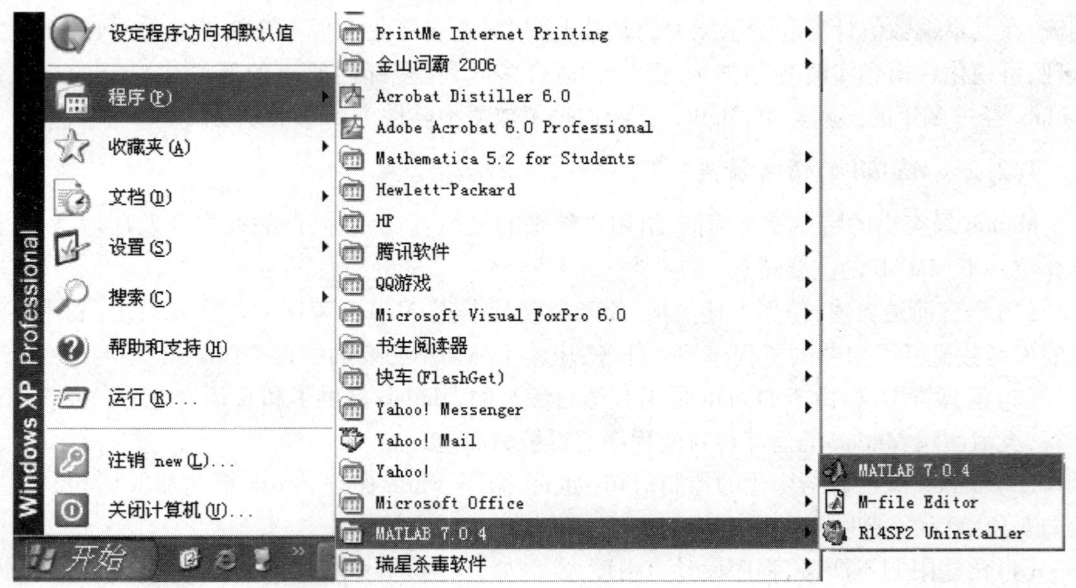

图 2.1　从开始菜单中打开 Matlab

2.1.3　Matlab 界面

Matlab7.0 的界面包括:标题栏、菜单栏、工具栏、当前路径窗口、命令历史记录窗口、命令窗口等,如图 2.2 所示.

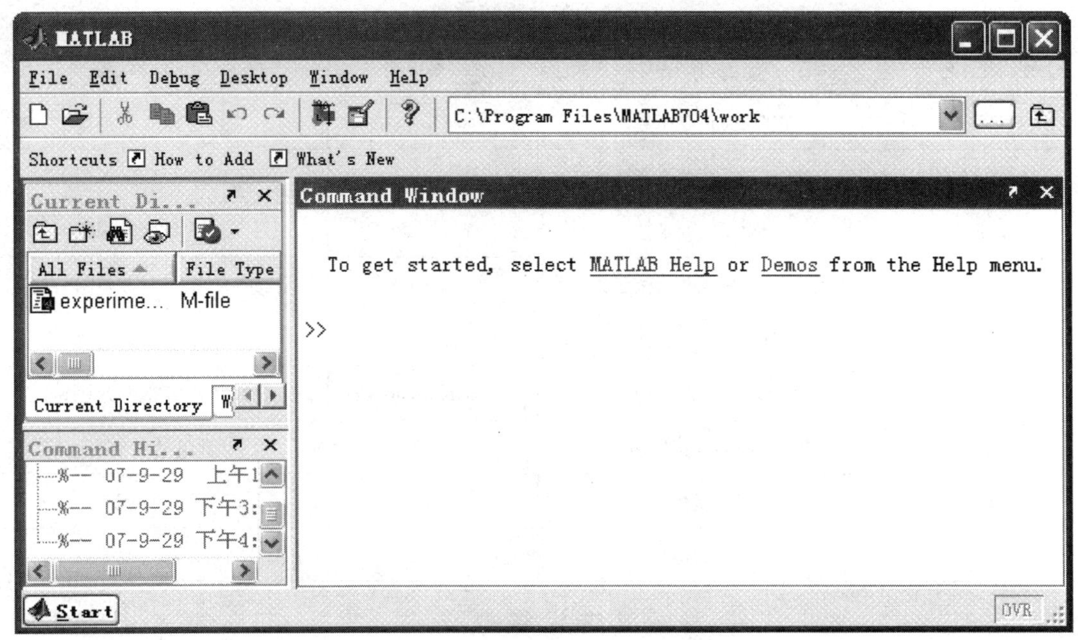

图 2.2　Matlab 界面窗口

用户可以通过下列途径获取 Matlab 软件自带的帮助信息:

①菜单栏的“Help”按钮;②工具栏的?按钮;③命令窗口中的 Matlab Help 链接;④命令窗口中的 Demos 链接.

用户可以尝试点击 Matlab 界面上的各个按钮,看看它们的功能.如果不小心关闭了当前路径窗口、命令历史记录窗口或命令窗口,可以通过菜单栏的“Desktop”菜单中“Desktop Layout ▸ Default”恢复,如图 2.3 所示.

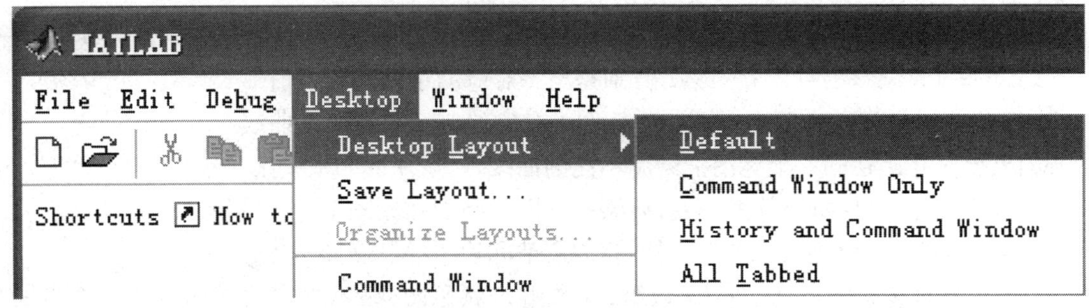

图 2.3　把 Matlab 界面窗口恢复为默认状态

2.2 Matlab 的常用命令与绘图

2.2.1 常用函数命令(表 2.1、表 2.2)

三角函数及指数函数 表 2.1

函 数 名	功 能 描 述	函 数 名	功 能 描 述
sin/asin	正弦/反正弦函数	sec/asec	正割/反正割函数
sinh/asinh	双曲正弦/反双曲正弦函数	sech/asech	双曲正割/反双曲正割函数
cos/acos	余弦/反余弦函数	csc/acsc	余割/反余割函数
cosh/acosh	双曲余弦/反双曲余弦函数	csch/acsch	双曲余割/反双曲余割函数
tan/atan	正切/反正切函数	cot/acot	余切/反余切函数
tanh/atanh	双曲正切/反双曲正切函数	coth/acoth	双曲余切/反双曲余切函数
atan2	四个象限内反正切函数	log10	常用对数函数
exp	指数函数	sqrt	平方根函数
log	自然对数函数		

创 建 矩 阵 命 令 表 2.2

函 数 符 号	说　　明	函 数 符 号	说　　明
zero (i,j)	创建 i 行 j 列的全零矩阵	eye (i,j)	创建 i 行 j 列对角线为 1 的矩阵
ones (i,j)	创建 i 行 j 列的全 1 矩阵	rand (i,j)	创建 i 行 j 列的随机矩阵

2.2.2 简单绘图命令

Matlab 基本的绘图命令有二维曲线绘图命令 plot 和三维曲线绘图命令 plot3.

p1ot 用来画 x 对 y 的二维曲线图,例如 $y=\sin x, 0\leqslant x\leqslant 2\pi$. 则以下语句执行后可得到有关 x 和 y 的图形:

≫ x = 1inspace(0,2 * pi, 20); % 设定 x 分别为 0、2π/20、2×2π/20、3×2π/20、…、2π

≫ y1 = sinx, y2 = cosx; % y1、y2 分别是与 x 对应的正弦和余弦值

≫ plot(x, y1,x,y2); % 在同一坐标图上分别绘制正弦和余弦曲线

如果想分几次在同一坐标图上绘制不同的曲线,可使用 hold 命令:

≫ hold on; % 保持坐标图不变,后绘制的图形叠加在原图上

≫ hold off; % 解除对原图的保持,将原图清除后再绘制新图

plot 命令的基本格式是:plot(x 数组, y 数组,‘颜色图标’),如需要在同一图中画多根曲线,只需依照此基本格式往后追加其他的 x 和 y 的数组即可. 其中颜色和图标的英文缩略符请参看表 2.3.

plot 命令中的参数及意义 表 2.3

参 数	意 义	参 数	意 义
r	红色	-	实线
g	绿色	——	虚线
b	蓝色	:	点线
y	黄色	—.	点划线
m	洋红色	*o*	圆圈
c	青色	×	叉号
w	白色	+	加号
k	黑色	*s*	正方形
*	星号	*d*	菱形
.	点号		

表 2.4 给出了其他的二维绘图函数命令.

二维绘图函数命令 表 2.4

函 数	意 义	函 数	意 义
bar	直方图	fill	实心图
area	区域图	feather	羽毛图
errobar	图形加上误差范围	compass	罗盘图
polar	极坐标图	quiver	向量场图
hist	累计图	pie	饼图
rose	极坐标累计图	convhull	凸壳图
stairs	阶梯图	scatter	离散点图
stem	针状图	fplot	一元函数图

2.2.3 绘图实例

[例 1] 正弦函数(图 2.4)

x = 0:0.001:10; % 0 到 10 的 1 000 个点(每隔 0.001 画一个点)的 *x* 坐标

y = sin(x); % 对应的 *y* 坐标

plot(x,y); % 绘图

注:matlab 画图实际上就是描点连线,因此如果点取得不密,画出来就成了折线图.

[例 2] 画椭圆(图 2.5)

a = [0:pi/50:2 * pi]'; %角度

X = cos(a) * 3; %参数方程

Y = sin(a) * 2;

plot(X,Y);

xlabel('x'), ylabel('y');

title('椭圆')

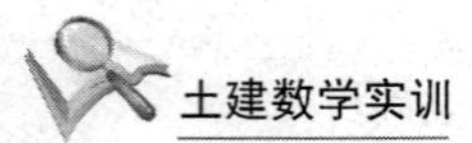

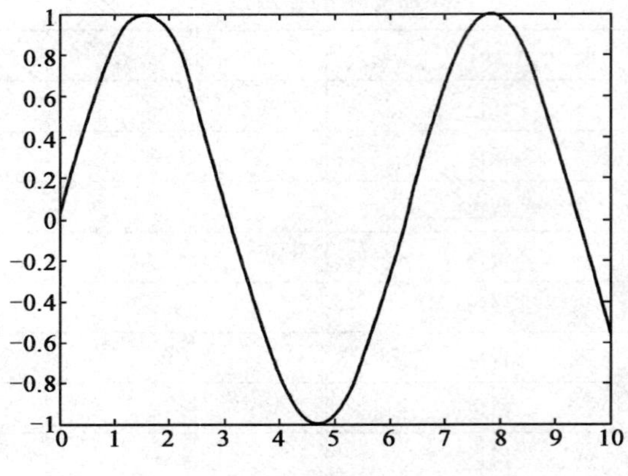

图 2.4　正弦函数曲线

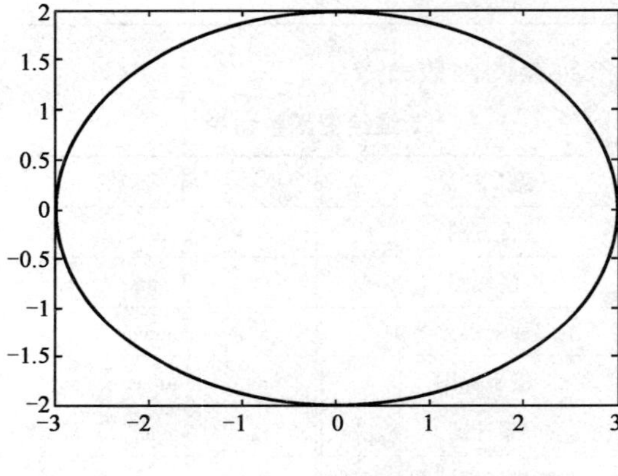

图 2.5　椭圆

[例 3]　立方曲线 $y = x^3$（图 2.6）

```
x = -10:0.001:10;
y = x.^3;
plot(x,y)
```

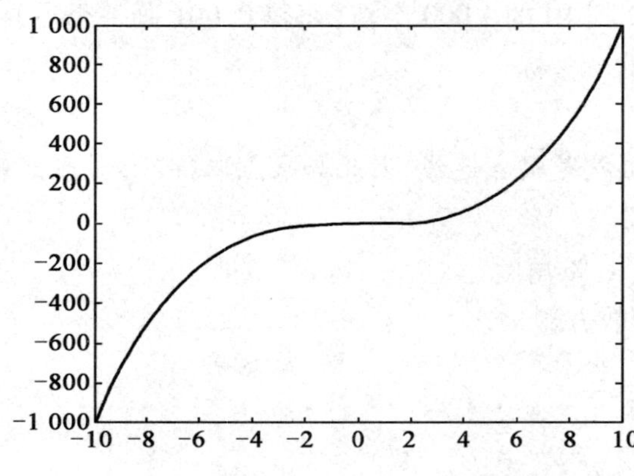

图 2.6　立方曲线

[**例 4**]　双曲抛物面 $x=u, y=v, z=\frac{u^2-v^2}{3}$（图 2.7）

```
clear;
[u,v] = meshgrid( -pi:pi/100:pi, -pi:pi/100:pi);
x = u;
y = v;
z = (u.^2 - v.^2)/3;
mesh(x,y,z)
```

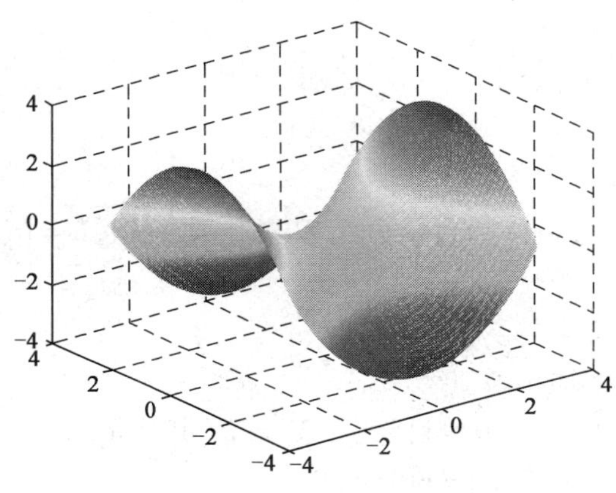

图 2.7　双曲抛物面

2.3　实验内容

要求:Matlab 命令及运行结果填入实训报告,附电子版上交.

(1)抛物线 $y=\sqrt{x}$.

(2)余弦函数.

(3)高斯曲线 $y=e^{-x^2}$.

(4)作图:$x^2/4+y^2/16=1$(用参数方程).

(5)作图: 圆锥面 $x=u\sin v, y=u\cos v, z=u$.

模块三　初 等 模 型

3.1　实例:财产增值模型

根据一份有效的法律文件,1990 年 A、B、C、D、E 五人共同继承了一笔财产. 该笔财产包括位于某地的面积为 60 亩的土地和若干数量的人民币(单位:元). 按照该法律文件的规定,A 得全部财产的 1/3, 其余 4 人各得全部财产的 1/6. 当时他们 5 人经过协商,B 该得的份额只是土地,E 该得的份额只是人民币,其余 3 人的份额则既分给土地又分给人民币. 当时 E 将他得到的人民币存入银行至今. 1992 年年初 B 将分给他的土地出卖,得到 120 000 元人民币.

假设:①该事件发生在1990年的1月1日至2010年1月1日;②E的人民币存款是一年定期,每次到期后自动转存一年;③为方便计算,假定1990～2010年土地每年的增值率6%是一样的,且人民币一年定期存款的年利率保持3%不变;④1990年初60亩土地的总价值占该笔财产的总数的50%.

请通过建立数学模型回答下面问题:

若当时他们5人按照各自该得的份额平均分到土地和人民币,E把他得到的人民币存入银行,而把得到土地保留到2010年,那么到2010年1月1日E的总财产会比当时实际只分给人民币增加多少?

3.2 实例解答

3.2.1 符号假设

L:土地面积(亩),加括号(Q)则表示分给Q的土地面积,$L=L(A)+L(B)+L(C)+L(D)$.

P:1990年初每亩土地价格(元).

H:1990～2010年土地平均年增值率(%).

R: 1990年该笔财产中的人民币数目(元),$R=R(A)+R(C)+R(D)+R(E)$.

T: 1990年该笔财产总数(元),$T=60P+R$.

S:人民币一年定期存款的年平均利率(%).

3.2.2 模型建立

2010年与1990年财产之差的数学模型:

(1)把这笔财产中的人民币存入银行,按照一年定期,每次到期后自动转存年一年,并把土地一直保留,那么到2010年1月1日时该笔财产的总值为:

$$60P(1+H)^{20}+(T-60P)(1+S)^{20}$$

(2)E在1990年分得的人民币$R(E)$存入银行,到2010年1月1日的值为:

$$R(E)(1+S)^{20}$$

所以,若当时他们5人按照各自的份额既平均分到土地又分到人民币,E把他得到的人民币存入银行,而把土地一直保留,那么到2010年1月1日E的总财产的增加值M是:

$$M=\frac{\{60P(1+H)^{20}+(T-60P)(1+S)^{20}\}}{6}-R(E)(1+S)^{20} \tag{3.1}$$

3.2.3 模型计算

1)$R(E)$的确定

E在2010年年底的实际财产(人民币)总数:

$$R(E)(1+S)^{20}$$

B所分得的土地在两年后卖出得120 000,即

$$L(B)P(1+H)^{2}=120\,000 \tag{3.2}$$

将$H=6\%$代入式(2)得到:

$$L(B)P(1+0.06)^2 = 120\,000$$

求得：

$L(B)P = 106\,800$，这是 1990 年时 B 分得的财产.

所以：

$$R(E) = L(B)P = 106\,800$$

于是

E 在 2010 年底的实际财产：

$$R(E)(1+S)^{20} = 106\,800 \times (1+0.03)^{20} = 106\,800 \times 1.806 = 192\,880$$

2）T 的确定

1990 年时 B 分得的财产 $L(B)P = 106\,800$，为该笔财产总数的 1/6，所以，$T = 6 \times L(B)P = 6 \times 106\,800 = 640\,800$.

3）P 的确定

1990 年初 60 亩土地的总价值等于该笔财产总数的 1/2，即 $60P = T/2 = 320\,400$，则 $P = 5\,430$.

4）计算 M

将 $R(E)$、T、P 代入式(1)得：

$$M = \frac{[60P(1+H)^{20} + (T-60P)(1+S)^{20}]}{6} - R(E)(1+S)^{20}$$

$$= \frac{[320\,400(1+0.06)^{20} + 320\,400\ (1+0.03)^{20}]}{6} - 192\,880$$

$$= \frac{[320\,400 \times 3.207 + 320\,400 \times 1.806]}{6} - 192\,880$$

$$= 74\,814$$

因此，若当时他们 5 人按照各自的份额既分到土地又分到人民币，E 把他得到的人民币存入银行，而把土地保留到 2010 年，那么 E 现在的总财产应增加 74 814 元.

3.3　Matlab 命令

(1) $(1+S)^{20} = 106800 \times (1+0.03)^{20} = 106800 \times 1.806 = 192880$

106800 * (1 + 0.03)^20

ans = 1.9289e + 005

(2) $\dfrac{60P(1+H)^{20} + (T-60P)(1+S)^{20}}{6} - R(E)(1+S)^{20}$

$$\frac{[320400 * (1+0.06)\text{^}20\ \ + 320400 * (1+0.03)\text{^}20]}{6} - 192880$$

ans = 7.4827e + 004

第二单元　微积分运算及优化模型

模块四　微 分 运 算

4.1　求极限

【命令】 Matlab 主要用 limit 求函数的极限. 用函数 limit 直接计算函数的极限，调用格式如下：

limit (f, x, a)：求函数 f 在 x→a 时的极限.

limit (f)：求函数 f 在 x→0 时的极限.

limit (f, x, a,'right')：求函数 f 在 x→a 时的右极限.

limit (f, x, a,'left')：求函数 f 在 x→a 时的左极限

[例 1]　判断极限 $\lim\limits_{x\to 0}\dfrac{\sin x}{x}=1$ 是否正确.

解： 输入命令

```
≫ clear;
≫ syms x;
≫ limit(sin(x)/x),x,0)
```

结果 ans = 1.

[例 2]　求 $\lim\limits_{x\to -1}\left(\dfrac{1}{x+1}-\dfrac{3}{x^3+1}\right)$.

解： 输入命令

```
≫ syms x;
≫ f = 1/(x+1) -3/(x^3+1);
≫ limit(f,x, -1)
```

结果 ans = −1.

[例 3]　求 $\lim\limits_{x\to\infty}\left(\dfrac{x+1}{x-1}\right)^x$.

解： 输入命令

```
≫ limit(((x+1)/(x-1))^x,inf)
```

结果：ans = exp(2).

[例 4]　求 $\lim\limits_{x\to 0^+}x^x$.

解： 输入命令

≫ limit(x^x,x,0,'right')

结果:ans　=1.

4.2　求导数

函数$f(x)$在$x=a$的微商可表示为$f'(a)=\frac{\mathrm{d}f}{\mathrm{d}x}|_{x=a}$.微商在几何上的意义为在点$x=a$处的切线斜率,而数值差分即是用来求数值微商的方法.微商的计算,可以在两个相邻点$x+h$和x间的函数值取极限求得:

$$f'(x)=\frac{\mathrm{d}f(x)}{\mathrm{d}x}=\lim_{h\to 0}\frac{f(x+h)-f(x)}{h}$$

【命令】　Matlab求函数导数的命令是diff,调用格式如下:

(1)diff(f,x)　　表示对表达式f求关于变量x的一阶导数.

(2)diff(f,x,n)　表示f对x求n阶导数.

[**例5**]　求$y=\frac{\sin x}{x}$的导数.

解:输入命令

≫ syms x;

≫ diff(sin(x)/x).

结果:ans=cos(x)/x-sin(x)/x^2.

注:Matlab的函数名允许使用字母、空格、下划线及数字,不允许使用其他字符.

[**例6**]　求$y=(x^2+2x)^{20}$的导数.

解:输入命令

≫ syms x;

dy_dx=diff((x^2+2*x)^20).

结果:dy_dx=20*(x^2+2*x)^19*(2*x+2).

注:$2x$输入时应为2*x.

[**例7**]　设$y=\sin x/(x+\cos 2x)$,求$\frac{\mathrm{d}^3y}{\mathrm{d}x^3}$.

解:输入命令

≫ syms x;

≫ y=sin(x)/(x+cos(2*x));

≫ diff(y,x,3).

4.3　偏导数

【命令】　对$f(x,y)$求一阶偏导数命令:

(1)diff(函数f(x,y),变量名x,n)

对函数$f(x,y)$的x的n阶偏导数.

(2) Matlab 求雅可比矩阵命令 jacobian,调用格式:

jacobian([f(x,y,z),g(x,y,z),h(x,y,z)],[x,y,z])

对多元函数的导数.

[例 8] 设 $u=\sqrt{x^2+y^2+z^2}$ 求 u 的一阶偏导数.

解: 输入命令

diff((x^2+y^2+z^2)^(1/2), x).

在命令中将末尾的 x 换成 y 将给出 y 的偏导数:

ans=1/(x^2+y^2+z^2)^(1/2)*y.

也可以输入命令:

jacobian((x^2+y^2+z^2)^(1/2),[x y]).

结果:

ans=[1/(x^2+y^2+z^2)^(1/2)*x, 1/(x^2+y^2+z^2)^(1/2)*y].

[例 9] 设 $z=x^6-3y^4+2x^2y^2$,求 $\frac{\partial^2 z}{\partial x\partial y}$.

解: 输入命令

diff(diff(x^6-3*y^4+2*x^2*y^2,x),y).

可得 $\frac{\partial^2 z}{\partial x\partial y}$:

ans=8*x*y.

4.4 隐函数所确定函数的导数

$$\frac{\mathrm{d}y}{\mathrm{d}x}=-\frac{F'_x}{F'_y}=-\frac{\frac{\partial F}{\partial x}}{\frac{\partial F}{\partial y}}$$

[例 10] 求由方程 $2x^3-2xy+y^2+x+2y+1=0$ 确定的隐函数的导数.

```
clear;
syms x y
df_dx=diff(2*x^3-2*x*y+y^2+x+2*y+1,x);
df_dy=diff(2*x^3-2*x*y+y^2+x+2*y+1,y);
dy_dx=-df_dx/df_dy;
result:dy_dx =(-6*x^2+2*y-1)/(-2*x+2*y+2).
```

4.5 实验内容

(1) $\lim\limits_{x\to 0}\left(\frac{\tan x-\sin x}{x^3}\right)$

(2) $\lim\limits_{x\to 0}(\sqrt{x^2+3x}-x)$

(3) $\lim\limits_{x\to 0^+}(\sqrt{x}-2^{-\frac{1}{x}})$

(4) 求 $y=\ln\sin x$ 的导数

(5) 求 $y=(x^2-x)^{10}$ 的 5 阶导数

(6) 求 $y=(2x^2-3x)^8$ 的 4 阶导数

(7)设 $z = \sin(xy) + \cos^2(xy)$，求 $\frac{\partial^2 z}{\partial x^2}$、$\frac{\partial^2 z}{\partial x \partial y}$

(8)设 $z = \sin(x^2 y) + \cos(xy) + 2$，求 $\frac{\partial^2 z}{\partial y^2}$、$\frac{\partial^2 z}{\partial x \partial y}$

(9)求由下列方程所确定的隐函数 y 的导数 $\frac{dy}{dx}$：

①$y^2 - 2xy + 9 = 0$　　②$\ln x + e^{\frac{-y}{x}} = e$

模块五　积分运算及模型

5.1　函数积分

【命令】 求函数积分的命令是 int，格式如下：

(1) int(f,x)：表示对 f 关于 x 求不定积分.

(2) int(f,x,a,b)：表示对 f 关于变量 x 从 a 到 b 求定积分.

[例 11]　求不定积分 $\int (x^2 + 3x + 7)dx$.

解：syms x;

```
Int(x^2 +3 * x +7,x);
ans =1/3 * x^3 +3/2 * x^2 +7 * x.
```

[例 12]　求 $\int_0^4 |x-2| dx$.

```
clear;
syms x;
int(abs(x -2),0,4);
ans =4.
```

[例 13]　求定积分 $\int_1^4 \frac{\ln x}{\sqrt{x}} dx$.

解：syms x;

```
int('log(x)/sqrt(x)',x,1,4);
ans =8 * log(2) -4.
```

[例 14]　求 $\int_0^{+\infty} e^{-x} dx$.

```
clear;
syms x;
int(exp(-x),0,inf);
ans =1.
```

5.2 数值积分

【命令1】 Matlab 系统还提供了数值积分(定积分近似计算)的命令 quad,具体使用这一命令的格式为 quad('函数名', a, b). 此法为抛物线法,也称辛普森法. 使用中,要用到被积函数的调用,也要注意给定积分上下限.

[例15] 求定积 $I = \int_0^{\pi} \sin x \mathrm{d}x$ 的值.

在 Matlab 环境下直接键入下面指令:

```
quad('sin',0,pi);
ans = 2.0000.
```

[例16] 求定积分 $\int_0^{\frac{3\pi}{2}} \cos(15x)\mathrm{d}x$.

```
≫ tic,S = quadl(f,0,3 * pi/2,1e - 15),toc;
S =0.0667.
Elapsed time is 0.422000 seconds.
方法1:f = inline('cos(15 * x)','x');
方法2:S1 = quad(f,0,3 * pi/2);
S1 =0.0667.
```

注:对一般定积分求取值问题,数值方法的首选为 quadl()函数.

[例17] 计算 $\int e^{-x}\sin x\mathrm{d}x$, $\int_0^1 e^{-x}\sin x\mathrm{d}x$, $\int_1^{\infty} e^{-x}\sin x\mathrm{d}x$.

```
syms x;t1 = int(exp( - x) * sin(x))
t2 = int(exp( - x) * sin(x),0,1)
t2 = vpa(t2)
t3 = int(exp( - x) * sin(x),1,inf)
ans = t1  = - 1/2 * exp( - x) * cos(x) - 1/2 * exp( - x) * sin(x)
t2  = - 1/2 * exp( - 1) * cos(1) - 1/2 * exp( - 1) * sin(1) + 1/2
t3  =1/2 * exp( - 1) * cos(1) + 1/2 * exp( - 1) * sin(1)
≫ t3 = vpa(t3,5)
ans
t3 =0.25416
```

【命令2】 可以用 trapz 数值积分.

[例18] 计算 $\int_{-1}^{1} e^{-x^2}\mathrm{d}x$.

```
clear;
x = - 1:0.1:1;
y = exp( - x.^2);
trapz(x,y);
ans =1.4924.
```

5.3　二重积分

［例 19］　计算 $\int_0^2 \mathrm{d}x \int_{-1}^1 (x+y^2)\mathrm{d}y$.

方法 1:int(int('x + y^2' , 'y' , -1,1) , 'x' ,0,2) ;

ans =16/3(符号求积分).

方法 2:dblquad(inline('x + y^2') ,0,2, -1,1) ;

ans =5.3333(抛物线法求二重数值积分).

［例 20］　计算 $\int_0^1 \mathrm{d}x \int_1^2 x^y \mathrm{d}y = c$.

```
syms x y;
a = int( int( x^y , x ,0 ,1) , y ,1 ,2) ;
b = simple( a) ;
c = vpa( b ,4) ;
c =0.4055.
```

［例 21］　计算 $\iint\limits_{x^2+y^2\leqslant 1} \sqrt{1-x^2}\mathrm{d}x\mathrm{d}y$

```
syms   x y;
iy = int( sqrt( 1 - x^2) , y , - sqrt( 1 - x^2) , sqrt( 1 - x^2) ) ;
int( iy , x , -1 ,1) ;
ans =8/3.
```

5.4　积分模型

实例:租客机还是买客机

某航空公司需增加 5 架波音 747 客机. 如果购买一架客机需要一次支付 5 000 万美金,客机的使用寿命为 15 年;如果租用一架客机,每年需要支付 600 万美金的租金. 租金以均匀货币流的方式支付. 若银行的年利率为 12% ,问购买客机与租用客机哪种方案为佳? 如果年利率为 6% 呢?

两种方案所支付的价值无法直接比较,必须将它们化为同一时刻的价值才能比较,以当前价值为准.

购买一架飞机的当前价值是 5 000 万美元.

均匀货币流的当前价值:设 $t=0$ 时向银行存入 $A\mathrm{e}^{-rt}$ 美元,按连续复利计算,t 年之后在银行的存款额恰好在 A 美元. 也就是说,t 年后的 A 美元在 $t=0$ 时的价值为 $A\mathrm{e}^{-rt}$ 美元. 那么,对流量为 a 的均匀货币流,在 $[t, t+\Delta t]$ 存入的 $a\Delta t$ 美元,在 $t=0$ 时的价值是 $a\Delta t \cdot \mathrm{e}^{-rt} = a\mathrm{e}^{-rt}\Delta t$.

在 t 从 0 变到 T 时,$[0,T]$ 周期内均匀货币流在 $t=0$ 时的总价值为 $P = \int_0^T a\mathrm{e}^{-rt}\mathrm{d}t = \frac{a}{r}[-\mathrm{e}^{-rt}]_0^T = \frac{a}{r}(1-\mathrm{e}^{-rT})$.

因此,15 年租金在当前的价值为: $P=\frac{600}{r}(1-e^{-15r})$ (万美元).

当 $r=12\%$ 时, $P=\frac{600}{0.12}(1-e^{-0.12\times15})\approx4\ 173.5$ (万美元),因此租客机合算.

当 $r=6\%$ 时, $P=\frac{600}{0.06}(1-e^{-0.06\times15})\approx5\ 934.3$ (万美元),因此买客机合算.

Matlab 程序:

```
≫ syms aert;
≫ int(a * exp( -r * t),t,0,T);
ans = -a * (exp( -r * T) -1)/r;
r = 12%;
600/0.12 * (1 - exp( -0.12 * 15));
ans =   4.1735e +003.
```

5.5 实验内容

(1)求积分:

① $\int(x^3-3x+17)dx$. ② $\int_3^4\frac{1}{x^3-2x-5}dx$ 的值. ③ $\int_{-2}^0 x^{\frac{1}{3}}dx$ 的值.

(2)求二次积分 $\int_{\frac{1}{4}}^{\frac{1}{2}}dy\int_{\frac{1}{2}}^{\sqrt{y}}e^{\frac{y}{x}}dx$.

(3) $\iint\limits_{x^2+y^2\leqslant4}\sqrt{4-y^2}dxdy$.

模块六 函数极值

6.1 一元函数极值

【命令】 Fminbnd(f,x1,x2) 意思是求函数 f 在区间 $[x_1,x_2]$ 上的极小值.

Fminsearch 意义同上.

[例 22] 求函数 $f(x)=x^3-5x^2+3x+2$ 在 $[-6,18]$ 中的极小值.

```
fun = x^3 - 5 * x^2 + 3 * x + 2;
x = fminbnd(fun, -6,18);
f = eval(fun);
ans = -412.
```

[例 23] 求函数 $f(x,y)=5-x^4-y^4+4xy$ 在原点附近的极大值.

```
fun = x(1)^4 + x(2)^4 - 4 * x(1) * x(2) - 5;
x = fminsearch(fun,[0,0]);
f = -eval(fun);
```

ans:f = 7.

[**例 24**]　求函数 $y=\frac{x}{1+x^2}$ 的极值(图 6.1).

```
clear;
syms x;
y = x/(1 + x * x);
dy = diff(y,x);
solve(dy);
ezplot(y);
```

result:ans = -1 1.

x = -1 取最小值;x = 1 取最大值.

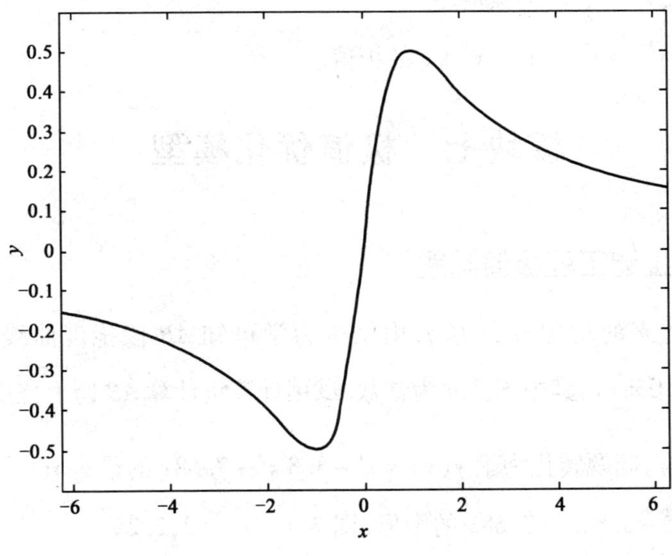

图 6.1　$x/(1+x^2)$ 曲线

6.2　多元函数极值

[**例 25**]　求 $f(x,y)=x^3-y^3+3x^2+3y^2-9x$ 的极值.

```
function f = fun(x,y)
f = x^3 - y^3 + 3 * x^2 + 3 * y^2 - 9 * x;
clear;
syms x y
f = x^3 - y^3 + 3 * x^2 + 3 * y^2 - 9 * x;
[x y] = solve(diff(f,x),diff(f,y),'x,y')
fun(1,0)
fun(-3,0)
fun(1,2)
```

```
fun( -3,2)
result:x =1  -3   1  -3
y  =  0 0 2 2
ans  =  -5
ans  =27
ans  =  -1
ans  =31
```

则极大值为 $f(-3,2)=31$， 极小值为 $f(1,0)=-5$.

6.3 实验内容

(1)求函数 $y=\frac{1}{2}x^3-\frac{3}{2}x^2$ 的极值.

(2)求 $f(x,y)=x^3-4x^2+2xy-y^2+1$ 的极值.

模块七　极值优化模型

7.1 实例1:土建工程极值问题

梁上承受地板传来的均匀分布力 q,由结构力学可知 AB 段挠度曲线方程为 $y(x)=\frac{q}{24EI}(x^4-3.80x^3+7\,068x)$,其中 E、I、q 为常数.试用计算机计算 AB 跨上挠度的最大值.

解:取 $\frac{q}{24EI}$ 为单位,问题转化为求 $y(x)=x^4-3.8x^3+7.68x$ 的最大值.

①先作 $y(x)=x^4-3.8x^3+7.68x$ 的图形(图7.1),$x\in(2,2.2)$.

```
x =0:0.1:2.2;
y =x^4 -3.80 * x^3 +7.68 * x;
plot (x,y)↵
```

在 Figurel 窗口可见曲线有一个极大值点,此处 $x\approx1.1$.

②键入 yy =' -(x^4 -3.80 * x^3 +7.68 * x)x';

x = fminbnd(yy,0.9,1.1)↵　　　(得 $x=1.026\,0$)

极大值点处 $x=1.026\,0$.

③键入 x =1.026 0;

y = x^4 -3.80 * x^3 +7.68 * x ↵　　(得 $y=4.883\,6$)

```
[x,y] = solve(' x^4 -3.80 * x^3 +7.68 * x - y =0','x -1.026 =0')
x =1.02600000000000000000000000000000
y =4.88363357217600000000000000000000
```

结论:在 $x=1.026\,0$ 处,有 AB 跨上的最大挠度 $y=4.883\,6\frac{q}{24EI}=0.203\,6\frac{q}{EI}$.

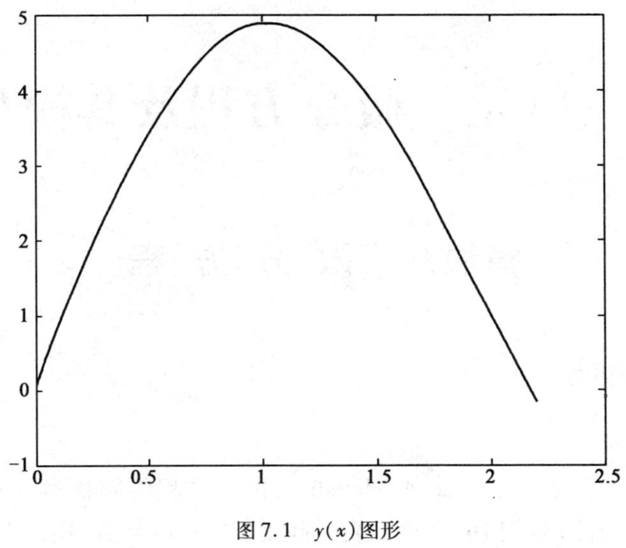

图 7.1　$y(x)$图形

7.2　实例 2:工程项目的费用问题

某工程要从 C 处铺设水管到 B 处,并要求 D 点在 AB 之间,如图 7.2 所示. 已知 AB 段的距离为 100m,C 距直线 AB20m,又 CD 段 1m 长度的水管排管费为 90 元,DB 段 1m 长度的水管排管费为 60 元. 设 AD 为 xm,试建立从 C 到 B 的排管费 T 与 x 间的函数关系,并计算何时排管费用最小.

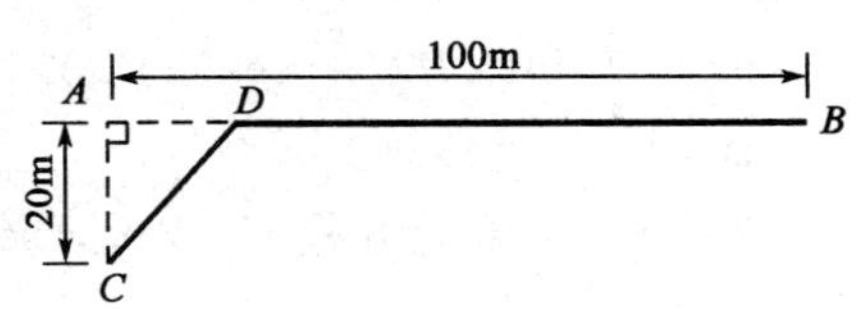

图 7.2　某工程示意图

【分析】　根据 T 与 x 之间的函数关系,可通过求导数,算出排管的最小费用.

【建立模型】

设 AD 为 xm,依题意可知:

$CD=\sqrt{20^2+x^2}=\sqrt{400+x^2}$,$BD=100-x$,所以:

$$T=90\sqrt{400+x^2}+60(100-x)\quad(0\leqslant x\leqslant 100).$$

【Matlab 程序】

```
fun = '90 * sqrt(400 + x^2) + 60 * (100 - x)';
>> x = fminbnd(fun,0,100)
```

输出

```
x = 17.8885
>> f = eval(fun)
```

输出

```
f = 7.3416e + 003
```

则表示,当 $x\approx 17.89$ 时(AD 为 17.89m),管道的最小费用 $T\approx 7\,341.6$ 元.

第三单元　微分方程及其模型

模块八　微 分 方 程

8.1　微分方程求解

【命令】

(1) dsolve('equ1','equ2',…'x'): Matlab 求微分方程的解析解. equ1、equ2、…为方程(或条件). 写方程(或条件)时用 Dy 表示 y 关于自变量的一阶导数,用用 D2y 表示 y 关于自变量的二阶导数,依此类推.

(2) simplify(s): 对表达式 s 使用 maple 的化简规则进行化简.

[例 1]　$\sin^2 x + \cos^2 x$

```
syms x;
simplify(sin(x)^2 + cos(x)^2);
ans = 1
```

[例 2]　求微分方程 $y' + 2xy = xe^{-x^2}$ 的通解.

```
clear;
syms x y;
dsolve('Dy + 2 * x * y = x * exp( - x^2)';'x');
ans = (1/2 * x^2 + C1) * exp( - x^2).
```

[例 3]　求微分方程 $xy' + y - e^x = 0$ 在初始条件 $y|_{x=1}) = 2e$ 下的特解.

```
clear;
syms x y;
dsolve('x * Dy + y - exp(x) = 0','y(1) = 2 * exp(1)','x');
ans = (exp(x) + exp(1))/x.
```

[例 4]　求微分方程组 $\begin{cases} \dfrac{dx}{dt} + 5x + y = e^t \\ \dfrac{dy}{dt} - x - 3y = 0 \end{cases}$ 在初始条件 $x|_{t=0} = 1, y|_{t=0} = 0$ 下的特解,并画出解函数的图形.

```
syms x y t;
[x,y] = dsolve('Dx + 5 * x + y = exp(t)','Dy - x - 3 * y = 0','x(0) = 1','y(0) = 0','t');
simple(x); simple(y);
```

ezplot(x,y,[0,1.3]);axis auto.

8.2　实验内容

(1)求解微分方程 $y''=2x+e^x$，并作出其积分曲线.

(2)求解下列微分方程.

①$\frac{dy}{dx}+2xy=4x$

②$y'-\frac{2y}{x+1}=(x+1)^{\frac{5}{2}}$

③$y'+\frac{1}{x}y=\frac{\sin x}{x}$

④$y'+y=e^x$

模块九　微分方程实例

9.1　实例1:沥青混合料温度的预测

沥青路面混合料温度受外界环境温度的影响,其变化率服从牛顿冷却定律,即沥青混合料温度的变化率(变化速度)正比于沥青温度与外界温度的差,即:

$$\frac{dT}{dt}=-k(T-T_d)$$

其中,$T=T(t)$为沥青温度,T_d为外界温度.

实例:某施工现场沥青混合料摊铺时的初始温度为155℃,环境温度保持在25℃,30min后,测得沥青混合料温度为140℃.问:多长时间之后沥青混合料温度会降到110℃?

$T(0)=155$℃,$T(30)=140$℃,由上述定律:

$$\begin{cases}\frac{dT}{dt}=-k(T-25)\\ T(0)=155\end{cases}\Rightarrow T=25+130e^{-kt}$$

又由 $T(30)=140$,得 $k=0.0041$

从而:

$$T(t)=25+130e^{-0.0041t}$$

当 $T=110$℃时,有 $25+130e^{-0.0041t}=110\Rightarrow t\approx103.63$(1h44min)

所以1h44min后沥青混合料温度会降到110℃.

【Matlab 程序】

```
(1)syms t T;
dsolve('DT = -k*(T-25)','T(0)=155','t');
ans = 25+130*exp(-k*t).
```

(2) k = solve('140 = 25 + 130 * exp(- k * 30)','k');

k = -1/30 * log(23/26) = 0.0041.

(3) t = solve('110 = 25 + 130 * exp(- 0.0041 * t)','t');

t = 103.63004730860145493199632808546.

9.2 实例2:悬臂梁的挠曲线方程和转角方程

如图9.1所示,悬臂梁(一端为自由端,另一端固定的梁)AB长为l,自由端受集中力P作用,试求梁的挠曲线方程和转角方程.

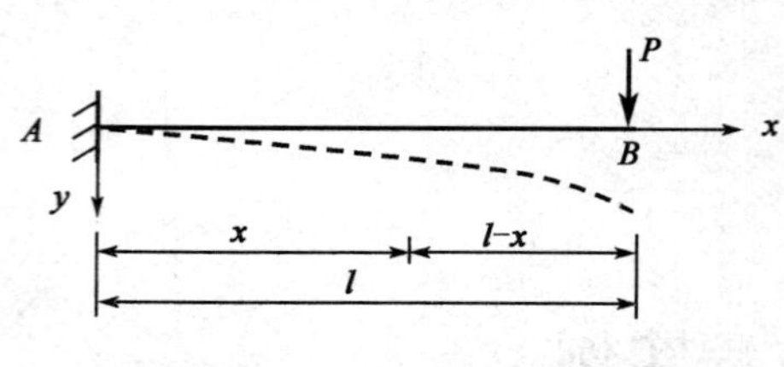

图9.1 悬臂梁挠曲线

设梁的挠曲线方程为$y = f(x)$,由工程力学中梁弯曲变形的基本知识可知,挠曲线在x处的曲率$K(x)$与弯矩$M(x)$以及抗弯刚度EI之间的关系式为:

$$K(x) = \frac{M(x)}{EI}$$

且当变形很小时,挠曲线上x处的转角θ与挠曲线的关系式为$\frac{dy}{dx} = \tan\theta \approx \theta$.

由曲率计算公式容易得出,梁弯曲时挠曲线的近似微分方程:

$$\frac{d^2y}{dx^2} = -\frac{M(x)}{EI}$$

由于在点x处梁的弯矩为$M(x) = -F(l-x)$,

于是有:

$$\frac{d^2y}{dx^2} = -\frac{M(x)}{EI} = \frac{F(l-x)}{EI}$$

将上式两边同时积分,得:

$$\theta = \frac{dy}{dx} = \frac{F}{EI}\left(lx - \frac{1}{2}x^2 + C_1\right) \tag{9.1}$$

再将上式两边同时积分,得:

$$y = \frac{F}{EI}\left(\frac{1}{2}lx^2 - \frac{1}{6}x^3 + C_1x + C_2\right) \tag{9.2}$$

在固定端A处的挠度和转角均为零,即:

$$y|_{x=0} = 0, \quad \theta|_{x=0} = \left.\frac{dy}{dx}\right|_{x=0} = 0$$

代入式(9.1)、式(9.2)得:

$$C_1 = C_2 = 0$$

所求挠曲线方程和转角方程分别为:

$$y = \frac{F}{EI}\left(\frac{1}{2}lx^2 - \frac{1}{6}x^3\right)$$

$$\theta = \frac{F}{EI}\left(lx - \frac{1}{2}x^2\right)$$

【**Matlab 程序**】

```
(1)syms x y;
dsolve('Dy = F/EI * (l - x)','x');
ans = F/EI * (l * x - 1/2 * x^2) + C1.
(2)y = dsolve('D2y = F/EI * (l - x)','x');
y = F/EI * (1/2 * l * x^2 - 1/6 * x^3) + C1 * x + C2.
(3)dsolve('Dy = F/EI * (l - x)','y(0) =0','x');
ans = F/EI * (l * x - 1/2 * x^2).
(4)y = dsolve('D2y = F/EI * (l - x)','y(0) =0','Dy(0) =0','x');
y = F/EI * (1/2 * l * x^2 - 1/6 * x^3).
```

9.3 实验内容

(1)在本节实例 1 中,若某施工现场沥青混合料摊铺时的初始温度为 150℃,环境温度保持在 28℃,25min 后,测得沥青混合料温度为 135℃. 问:多长时间后沥青混合料温度会降到 110℃?(请用 Matlab 程序计算结果)

(2)在本节实例 1 中,若某施工现场沥青混合料摊铺时的初始温度为 160℃,环境温度保持在 30℃,30min 后,测得沥青混合料温度为 146℃. 问:4h 后沥青混合料温度会降到多少度?(请用 Matlab 程序计算结果)

第四单元　概率统计与回归模型

模块十　概率统计的有关计算

10.1　概率的有关计算

10.1.1　概率密度函数

【命令】

pdf（'name'，x，参数表列）或 namepdf（x，参数表列），即得到相应的概率密度函数值.

其中 name 可以是以下值

bino	二项分布
poiss	泊松分布
exp	指数分布
norm	正态分布
unif	均匀分布
beta	BATA 分布
gam	伽马分布
chi2	卡方分布
t	*t* 分布
f	*F* 分布

[例1]　绘制正态分布 $N(3,2^2)$ 密度函数的图像(图 10.1).

```
x = -2:0.1:8;
y = normpdf(x,3,2);
plot(x,y,'+').
```

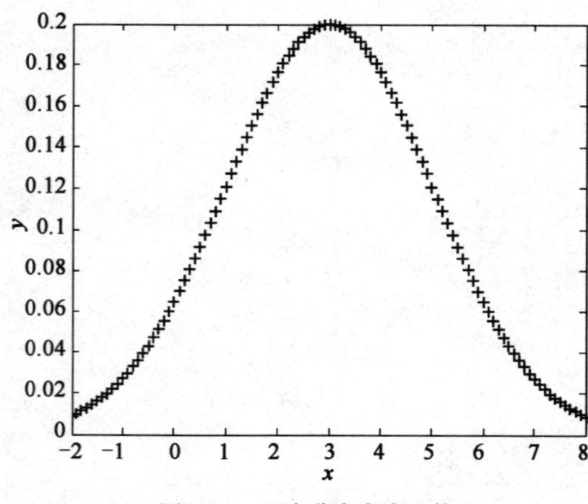

图 10.1　正态分布密度函数

10.1.2　概率值计算

【命令】

P = namecdf（x，参数表列），即得到相应的分布函数值 $F(x)=P(X\leqslant x)$.

其中函数名 name 的含义同前.

[例2]　设 $X\sim N(3,2^2)$，求 $P(2<X<5)$，$P(|X|>2)$.

```
P1 = normcdf(5,3,2) - normcdf(2,3,2)
P2 = 1 - normcdf(2,3,2) + normcdf(-2,3,2)
```

ans:

P1 =0.5328

P2 =0.6977

10.1.3　期望和方差

【命令】

[M,V] = namestat (参数表列),即得到相应分布的期望和方差.

其中函数名 name 的含义同前.

[例 3]　求二项分布 $B(20,0.2)$ 和泊松分布 $P(6)$ 的期望和方差.

[M,V] = binostat (20,0.2)

M =4

V =3.2000

[M,V] = poisstat (6)

M =6

V =6

10.2　数理统计的有关计算

10.2.1　统计图

hist (x):样本直方图.

rose (x):样本的角度扇形图.

[例 4]　画出样本的统计图.

x =[12,12,12,13,13,13,13,13,13,14,14,14,14,14,14,14,14,14,14,14,14,15,15,15,15,15,15,15,15,15,15,15,15,15,15,15,15,15,15,15,15,15,15,15,15,15,15,15,15,15,15,15,15,15,16,16,16,16,16,16,16,16,16,16,16,16,16,17,17,17,17,17,17,17,17,18,18,18,18,18,19,19,19,19,20];

hist (x)(图 10.2).

rose (x)(图 10.3).

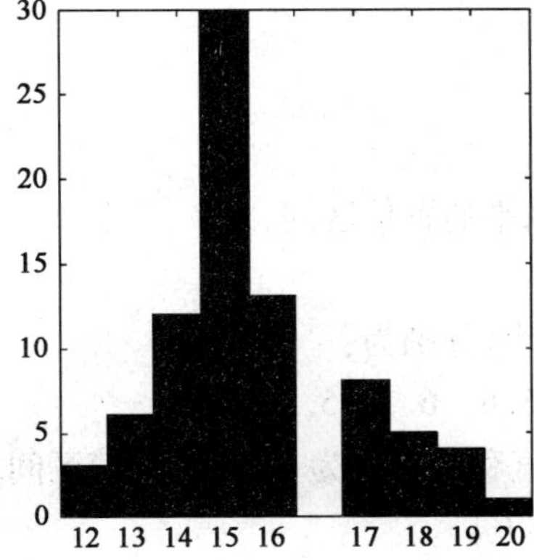

图 10.2　x 样本直方图

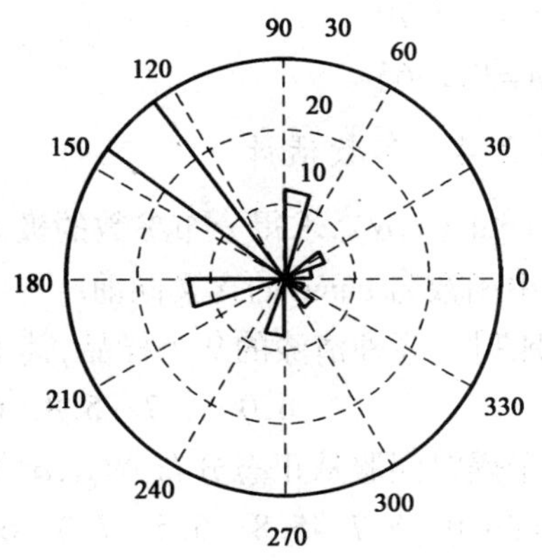

图 10.3　x 样本角度扇形图

10.2.2 统计量的数字特征

mean(x):样本均值.

var(x):样本方差.

std(x):样本标准差.

cov(x,y):样本的协方差矩阵.

corrcoef (x,y):样本的相关系数矩阵.

[**例 5**] 随机取 8 只活塞环,测得它们的直径(mm)分别为:

74.001 74.005 74.003 74.001 74.000 73.998 74.006 74.002

试求样本均值、样本方差和样本标准差的值.

```
x=[74.001  74.005  74.003  74.001  74.000  73.998  74.006  74.002];
mean(x)
var(x)
std(x)
ans=74.0020
ans=6.8571e-006
ans=0.0026
```

10.2.3 常用统计分布的分位点

nameinv (x,参数表列)

其中函数名 name 的含义同前.

[**例 6**] 求分位点 $z(0.025)$,$t_{0.025}(10)$,$\chi^2{}_{0.025}(10)$,$F_{0.05}(6,10)$.

```
norminv(0.025, 0,1)
tinv(0.025, 10)
chi2inv(0.025 ,10)
finv(0.05 ,6,10)
ans= -1.9600
ans= -2.2281
ans=3.2470
ans=0.2463
```

10.2.4 参数估计

namefit (x,α),求得分布参数的极大似然估计和 α 水平的置信区间.

其中函数名 name 的含义同前.

[**例 7**] 某种清漆的 9 个样品,其干燥时间(以小时计)分别为:

6.0 5.7 5.8 6.5 7.0 6.3 5.6 6.1 5.0

设干燥时间服从正态分布 $N(\mu,\sigma^2)$,求 μ,σ 的估计值和置信度为 0.95 的置信区间.

```
x=[6.0  5.7  5.8  6.5  7.0  6.3  5.6  6.1  5.0];
[mu,sigma,muci,sigmaci]=normfit (x,0.05)
```

```
mu =6
sigma =0.5745
muci =5.5584
      6.4416
sigmaci =0.3880
        1.1005
```

10.2.5　假设检验

[H,SIG] = ztest(x, mu, sigma, α,tail),σ 已知时对正态总体参数 μ 作检验.

[H,SIG] = ttest(x, mu,α,tail),σ 未知时对正态总体参数 μ 作检验.

若 tail =0,表示 $H_1:\mu \neq$ mu

若 tail =1,表示 $H_1:\mu >$ mu

若 tail = -1,表示 $H_1:\mu <$ mu

结论:$H=0$,表示接受原假设 $H_0:\mu =$ mu;

　　$H=1$,表示拒绝原假设 $H_0:\mu =$ mu;

　　SIG 为犯错误的概率.

[例 8]　自动包装机包装出的产品服从正态分布 $N(0.5,0.015^2)$,从中抽取出 9 个样品,它们的质量是 0.497　0.506　0.518　0.524　0.498　0.511　0.520　0.515　0.512.

包装机的工作是否正常?(α =0.05)

```
x =[0.497  0.506  0.518  0.524  0.498  0.511  0.520  0.515  0.512];
[H,SIG] = ztest(x, 0.5, 0.015, 0.05,0)
H =1
SIG =0.0248
```

[H,SIG,CI] = ttest2 (x, y,α,tail)　% 对两个正态总体的均值作相等性检验.

若 tail =0,表示 $H_1:\mu_1 \neq \mu_2$

若 tail =1,表示 $H_1:\mu_1 > \mu_2$

若 tail = -1,表示 $H_1:\mu_1 < \mu_2$

结论:$H=0$,表示接受原假设 $H_0:\mu_1 = \mu_2$;

　　$H=1$,表示拒绝原假设 $H_0:\mu_1 = \mu_2$;

　　SIG 为犯错误的概率,CI 为均值差的置信区间.

[例 9]　在平炉上用标准方法和新方法各炼 10 炉钢,其得率分别如下.

标准方法:78.1　72.4　76.2　74.3　77.4　78.4　76.0　75.5　76.7　77.3

新方法:　79.1　81.0　77.3　79.1　80.0　79.1　79.1　77.3　80.2　82.1

新方法能否提高钢的提率?(α =0.05)

```
x =[78.1  72.4  76.2  74.3  77.4  78.4  76.0  75.5  76.7  77.3];
y =[79.1  81.0  77.3  79.1  80.0  79.1  79.1  77.3  80.2  82.1];
[H,SIG,CI] = ttest2 (x, y, 0.05, -1)
H =1
```

SIG =2.1759e -004

CI = -Inf -1.9083

10.2.6 方差分析

anova1(X)　　　　% 单因素试验的方差分析.

anova2(X,REPS)　　　% 双因素试验的方差分析,其中 REPS 指出每一单元观察点的数目.

[**例 10**]　有三台机器,用来生产规格相同的铝合金薄板,抽样测量薄板的厚度,结果如下.

机器 1:0.236　0.238　0.248　0.245　0.243;

机器 2:0.257　0.253　0.255　0.254　0.261;

机器 3:0.258　0.264　0.259　0.267　0.262.

检验各台机器生产的薄板厚度是否有显著差异?

```
X = [0.236  0.238  0.248  0.245  0.243;
    0.257  0.253  0.255  0.254  0.261;
    0.258  0.264  0.259  0.267  0.262];
anova1(X')
ans  =1.3431e -005
```

[**例 11**]　一火箭使用四种燃料,三种推进器作射程试验,每种燃料与每种推进器的组合各发射火箭两次,结果见表 10.1(燃料 A,推进器 B).

试验结果　　表 10.1

B / A	B1	B2	B3
A_1	58.2	56.2	65.3
	52.6	41.2	60.8
A_2	49.1	54.1	51.6
	42.8	50.5	48.4
A_3	60.1	70.9	39.2
	58.3	73.2	40.7
A_4	75.8	58.2	48.7
	71.5	51.0	41.4

考察 A 和 B 这两个因素对射程是否有显著影响.

```
X = [58.2    56.2    65.3
     52.6    41.2    60.8
     49.1    54.1    51.6
     42.8    50.5    48.4
     60.1    70.9    39.2
     58.3    73.2    40.7
     75.8    58.2    48.7
```

```
    71.5        51.0        41.4];
anova2(X,2)
ans =0.0035     0.0260      0.0001
```

10.3　回归分析

【命令】

[b,bint,r,rint,stats] = regress(y,x)　　　多元线性回归分析

$$y = b_0 + b_1x_1 + \cdots + b_px_p + \varepsilon, \varepsilon \sim N(0,\sigma^2)$$

其中:

$\boldsymbol{y}$:y 的数据 $n \times 1$ 向量;

$\boldsymbol{x}$:x 的数据 $n \times p$ 矩阵;

b:$b_0,b_1,\cdots,b_p$ 的估计值;

bint:b 的置信区间;

r:残差;

rint :r 的置信区间;

stats:第一个值是回归方程的置信度,第二值是 F 统计量的值,第三值小说明所建的回归方程有意义.

[**例 12**]　某种水泥在凝固时放出的热量 y(cal/g)与其中的四种化学成分 x_1、x_2、x_3、x_4 有关,样本数据见表 10.2.

样 本 数 据　　　表 10.2

序号	x_1	x_2	x_3	x_4	y
1	7	26	6	60	78.5
2	1	29	15	52	74.3
3	11	56	8	20	104.3
4	11	31	8	47	87.6
5	7	52	6	33	95.9
6	11	55	9	22	109.2
7	3	71	17	6	102.7
8	1	31	22	44	72.5
9	2	54	18	22	93.1
10	21	47	4	26	115.9
11	1	40	23	34	83.8
12	11	66	9	12	113.3
13	10	68	8	12	109.4

建立 y 关于 x_1,x_2,x_3,x_4 的线性回归方程.

```
x = [7    26    6    60
     1    29   15    52
    11    56    8    20
    11    31    8    47
     7    52    6    33
    11    55    9    22
     3    71   17     6
     1    31   22    44
     2    54   18    22
    21    47    4    26
     1    40   23    34
    11    66    9    12
    10    68    8    12];
X = [ones(13,1),x];
≫ y = [78.5  74.3  104.3  87.6  95.9  109.2  102.7  72.5  93.1  115.9  83.8
113.3  109.4]';
[b,bint,r,rint,stats] = regress(y,X)
b = 62.4054
    1.5511
    0.5102
    0.1019
   -0.1441
bint =
   -99.1786  223.9893
    -0.1663    3.2685
    -1.1589    2.1792
    -1.6385    1.8423
    -1.7791    1.4910
r = 0.0048
    1.5112
   -1.6709
   -1.7271
    0.2508
    3.9254
   -1.4487
   -3.1750
    1.3783
```

```
    0.2815
    1.9910
    0.9730
   -2.2943
rint =
     -4.0390     4.0485
     -3.2331     6.2555
     -5.3126     1.9707
     -6.5603     3.1061
     -4.5773     5.0788
     -0.5623     8.4132
     -6.0767     3.1794
     -6.8963     0.5463
     -3.5426     6.2993
     -3.0098     3.5729
     -2.2372     6.2191
     -4.1338     6.0797
     -6.9115     2.3228
stats =     0.9824     111.4792     0.0000     5.9830
```

[beta,R,J] = nlinfit(x,y,'model',beta0)　　%多元非线性回归分析

其中

y:y 的数据 $n\times 1$ 向量;

x:x 的数据 $n\times p$ 矩阵;

model:模型的 M 函数名,此 M 函数的形式见下例;

beta0:参数迭代新值;

R:残差;

J:返回用于估计预测误差的 Jacobi 矩阵.

[例 13]　机器的可靠度随时间的延续而降低,测得数据见表 10.3.

数　据　　表 10.3

时间 t	1	2	3	4	5	6	7	8	9	10	11	12	13
可靠度 z	87	78.7	71.2	64.4	58.2	52.6	47.5	42.9	38.8	35.1	31.7	28.6	25.8

求 z 关于 t 的回归方程.

```
t=1:13;
z=[87  78.7  71.2  64.4 58.2  52.6  47.5  42.9 38.8  35.1  31.7  28.6  25.8];
close; plot(t,z).
```

作图显示可采用曲线 $z=ce^{bt}$ 来拟合(图 10.4).

建立 M 函数文件 model.m 如下:

```
function    z = model (beta, t)
c = beta(1);
b = beta(2);
t = t( :,1);
z = c * exp(b * t).
```

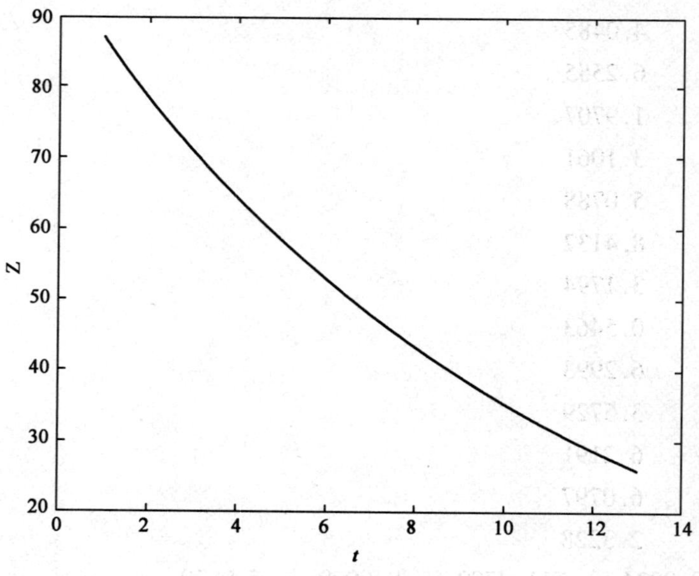

图 10.4　拟合曲线

求解如下：

```
t = 1:13;
t = t';
z = [87   78.7   71.2   64.4   58.2   52.6   47.5   42.9   38.8   35.1   31.7   28.6   25.8]';
beta0 = [1,1]';
[beta,R,J] = nlinfit(t,z,'model',beta0)
beta =
    96.3600
    -0.1011
R =
     -0.0973
     -0.0250
      0.0425
      0.0826
      0.0651
      0.0534
      0.0045
     -0.0300
```

```
    -0.0033
     0.0267
    -0.0018
    -0.0545
    -0.1000
J =
     0.9039    87.0973
     0.8170   157.4500
     0.7385   213.4724
     0.6675   257.2695
     0.6033   290.6739
     0.5453   315.2791
     0.4929   332.4679
     0.4455   343.4390
     0.4027   349.2287
     0.3640   350.7319
     0.3290   348.7191
     0.2974   343.8525
     0.2688   336.6992
```

【其他回归命令】

(1)命令 polyfit 最小二乘多项式拟合.

[p,S] = polyfit(x,y,m)

多项式 $y = a_1x_m + a_2x_{m-1} + \cdots + a_mx + a_{m+1}$

其中 $\boldsymbol{x} = (x_1, x_2, \cdots, x_m)$，$x_1 \cdots x_m$ 为$(n*1)$的矩阵；

$\boldsymbol{y}$ 为$(n*1)$的矩阵；

$\boldsymbol{p} = (a_1, a_2, \cdots, a_{m+1})$是多项式 $y = a_1x_m + a_2x_{m-1} + \cdots + a_mx + a_{m+1}$的系数；

S 是一个矩阵,用来估计预测误差.

(2)命令 polyval 多项式函数的预测值.

Y = polyval(p,x),求 polyfit 所得的回归多项式在 x 处的预测值 Y；

p 是 polyfit 函数的返回值；

x 和 polyfit 函数的 x 值相同.

(3)命令 polyconf 残差个案次序图.

[Y,DELTA] = polyconf(p,x,S,alpha),求 polyfit 所得的回归多项式在 x 处的预测值 Y 及预测值的显著性为 1 - alpha 的置信区间 DELTA；alpha 缺省时为 0.05.

p 是 polyfit 函数的返回值；

x 和 polyfit 函数的 x 值相同；

S 和 polyfit 函数的 S 值相同.

模块十一　回 归 模 型

11.1　实例:土建工程中回归模型的建立

水泥和水用量的比值,工程上称作灰水比(C/W),不同灰水比的混凝土 28d 强度 R_{28} 试验结果见表 11.1,试确定 $C/W \sim R_{28}$ 之间的回归方程及其相关系数 r(取显著性水平 $\alpha = 0.05$).

$C/W \sim R_{28}$ 试验结果及回归计算　　表 11.1

序　号	$x(C/W)$	$y(R_{28})$(MPa)	x^2	y^2	xy
1	1.25	14.3	1.562 5	204.49	17.875
2	1.50	18.0	2.25	324	27
3	1.75	22.8	3.062 5	519.84	39.9
4	2.00	26.7	4	72.89	53.4
5	2.25	30.3	5.062 5	918.09	68.175
6	2.50	34.1	6.25	1 162.81	85.25
Σ	11.25	146.2	22.187 5	3 842.12	291.6

$\bar{x} = 1.875$;　$\bar{y} = 24.37$
$(\sum x)^2 = 126.562\,5$　$(\sum y)^2 = 21\,374.44$　$(\sum x)(\sum y) = 1\,644.75$
$l_{xx} = 1.093\,75$;　$l_{yy} = 279.713\,3$;　$l_{xy} = 17.475$

解:为计算方便,列表进行,有关计算列于表 11.1 中.

求得:$b = \dfrac{L_{xy}}{L_{xx}} = 15.98, a = \bar{y} - b\bar{x} = -5.56$

则回归方程为:$y = 15.98x - 5.56$ 或 $R_{28} = 15.98(C/W) - 5.56$

相关系数:$r = \dfrac{L_{xy}}{\sqrt{L_{xx}L_{yy}}} = \dfrac{17.475}{\sqrt{1.093\,75 \times 279.713\,3}} = 0.999\,1$

【Matlab 程序】

方法一:

```
x = [1.25 1.5 1.75 2.00 2.25 2.5];
≫ y = [14.3 18 22.8 26.7 30.3 34.1];
≫ polyfit(x,y,1)
ans =
  15.9771    -5.5905
```

回归方程为:$y = 15.98x - 5.59$

方法二:

```
≫ x = [1.25 1.5 1.75 2.00 2.25 2.5]';
≫ X = [ones(6,1) x];
```

```
≫ y = [14.3 18 22.8 26.7 30.3 34.1]';
≫ [b,bint,r,rint,stats] = regress(y,X)
b =
    -5.5905
   15.9771
bint =
    -7.4183    -3.7626
   15.0266    16.9277
r =
    -0.0810
    -0.3752
     0.4305
     0.3362
    -0.0581
    -0.2524
rint =
    -0.8623     0.7004
    -1.1281     0.3776
    -0.3460     1.2070
    -0.5519     1.2243
    -1.0172     0.9010
    -0.9334     0.4286
stats =
1.0e+003 *
0.0010    2.1780    0.0000    0.0001
```

回归方程为：$y = 15.98x - 5.59$

回归方程的置信度 $R = 1.0001$

11.2　实验内容

(1)检查某段路基压实度，共测 9 点，得压实度分别为(%)：91.8、92、93、94、92.5、92.8、92.4、93.8、94.1，设压实度服从正态分布 $N(\mu,\sigma^2)$，现推定其置信度为 95% 的平均值置信区间.

(2)某种产品在生产过程中的废品率 y 与它所含的某种物质量 x 有关，现将试验所得 16 组数据记录见表 11.2.

这些离散样点落在开口向上的二次抛物线 $y = a + bx + cx^2$ 附近，请用 Matlab 拟合求出抛物线系数，并画出拟合函数图象.

(3)请从以下 A 、B 两题中任选一题作为数学建模的论文题目.

试验数据 表 11.2

x	34	36	37	38	39	39	39	40
y	1.30	1.00	0.73	0.90	0.81	0.70	0.60	0.50
x	40	41	42	43	43	45	47	48
y	0.44	0.56	0.30	0.42	0.35	0.40	0.41	0.6

A 题　钒和稀土对合金性能的影响(2014 年福建省职业院校技能大赛(高职组)数学建模 A 题)

纺织经编机铝盘头是纺织工业重要的零部件(图 11.1、图 11.2).通过前期的努力,某高校课题组已成功开发出一种新型铸造 Al-Zn-Mg-Cu 合金,能够在以铸代锻工艺下生产出满足实际应用需要的铝盘头工件.目前,这种高性能铝盘头已投入市场,使用厂家反映良好;但生产过程中仍会出现较为严重的热裂缺陷,因此需进一步改善该合金的力学性能和抗热裂性能.

图 11.1　铝盘头

图 11.2　铝盘头工作场合

微合金化是改善铝合金显微组织和性能的重要方法.在试验室中,通过对基础合金 Al-4.5Zn-1.0Mg-0.8Cu 分别单独添加微量的钒(V)和稀土(RE),测定出产品的抗拉强度、延伸率、热裂倾向值 HCS,试验结果详见表 11.3.

试验结果 表 11.3

V (wt%)	抗拉强度	延伸率	热裂倾向值 HCS	RE (wt%)	抗拉强度	延伸率	热裂倾向值 HCS
0	133	4.66	112	0	133	4.66	112
0.05	160	6.60	83	0.05	165	7.58	88
0.1	154	8.21	100	0.08	176	8.26	80
0.2	140	5.10	131	0.1	179	8.99	72
				0.12	186	8.73	64
				0.15	175	7.71	72
				0.2	156	7.00	80
				0.25	152	6.49	116

问题 1　分别建立产品的抗拉强度、延伸率、热裂倾向值 HCS 关于钒的数量之间的函数关系.

问题 2　该合金单独添加稀土的数量约为多少时，产品的抗拉强度达到最大？延伸率达到最大？热裂倾向值 HCS 达到最小？单独添加稀土的数量约为多少时，对提高产品的抗拉强度和延伸率、减少热裂倾向值 HCS 整体上带来较好的影响？

问题 3　通过前面的研究，你认为钒和稀土哪一种对提高产品的抗拉强度和延伸率、减少热裂倾向值 HCS 整体上效果更加明显，请简要说明.

B 题　保险公司的健康保险问题

某保险公司推出下面两种健康保险：

(1)个人住院费用保险(表 11.4)：被保险人因非器官移植而住院，在各项费用的限额内，对于每次住院在规定范围(同当地公费医疗或社会医疗保险规定)内实际支出的合理且必要的床位费、药费、治疗费、护理费、检查费、特殊检查费、救护车费、手术费以及住院期间前后各 30 天内因与该次住院相同原因而产生的门诊费，由保险公司支付 80%.

个人住院费用保险每次住院相应项目和档次的给付限额(单位：元)　　表 11.4

原因	保障项目内容	收费标准			
		一档	二档	三档	四档
非器官移植	每天平均床位费(最多给付 90 天)	30	50	80	100
	每天平均药费(最多给付 90 天)	60	100	200	300
	治疗费	500	1 000	2 000	3 000
	护理费	100	250	350	500
	检查费	500	800	1 500	2 500
	特殊检查费	1 500	2 000	2 500	3 000
	救护费	30	30	50	50
	手术费	1 500	2 500	3 500	5 000
	相关门诊费	0	0	500	800

(2)个人住院安心保险(表 11.5)：一般住院日额保险金，被保险人因疾病经医院诊断必须住院治疗，保险公司从被保险人每次住院的第四天开始按住院天数付给住院日额保险金，即每次疾病住院日额保险金付天数 = 实际住院天数 - 3 天；被保险人因意外伤害经医院诊断必须住院治疗，保险公司从被保险人住院第一天开始给付住院日额保险金，即意外伤害住院日额保险金给付天数 = 实际住院天数. 保险责任有效期内一般住院日额保险金给付天数最多可达 365 天.

被保险人年龄在 10 ~ 19 岁：个人住院费用保险第四档每年需交保费 333 元，个人住院安心保险第四档每年需交 60 元.

据不完全统计，某保险公司一大部分投保的 10 ~ 19 岁被保险人都选择了个人住院费用保险第四档(表 11.4)和个人住院安心保险第四档(表 11.5). 如果一个 10 ~ 19 岁学生投保此保险公司的个人住院费用保险第四档与个人住院安心保险第四档，此学生并未患任何疑难杂症，仅因为日常生活中的常见疾病或意外事故住院.

(1)请分析说明该投保人是否能从保险公司中得到收益.

(2)分析说明投保险公司的个人住院费用保险和个人住院安心保险两种险种跟单独投保其中任意一种或根本不投保,哪一种方式更合算.

个人住院安心保险保险金额(单位:元) 表11.5

保险档次	保险利益	
	基本部分	
	一般住院日额保险金	癌症住院日额保险金
一档	30	100
二档	50	120
三档	80	140
四档	100	160
五档	150	180
六档	200	200
	最多付365天	最多付180天

第五单元　线性代数与规划模型

模块十二　线性代数的有关运算

12.1　矩阵的生成

12.1.1　直接输入法

采用赋值命令来完成,整个矩阵必须以方括号[ ]为其首尾,行与行之间用“;”或回车分隔,元素间用“,”或空格分隔.

矩阵元素可以是包含已定义变量的任何表达式.

[**例1**]　创建矩阵 ***C***.

```
a = 2.7358; b = 33/79;
C = [1,2 * a,b * sqrt(a); sin(pi/6),a + 5 * b,3.5]
```

[**例2**]　分行输入矩阵 ***D***.

```
D = [1, 2, 3
     4  5  6
     7  8  9
```

注:利用下标可以获得矩阵元素或修改矩阵.

[**例3**]　*D*(3,2)　　　% 获得矩阵元素.

　　　　　D(3,2) = 2　% 修改矩阵元素.

12.1.2　几种常见矩阵的生成命令

eye(n)	产生 n 阶单位矩阵.
eye(size(A))	产生与矩阵 ***A*** 同维的单位矩阵.
ones(n)	产生 n 阶全1矩阵.
ones(size(A))	产生与矩阵 ***A*** 同维的全1矩阵.
zeros(n)	产生 n 阶零矩阵.
zeros (size(A))	产生与矩阵 ***A*** 同维的零矩阵.
zeros(m,n)	产生 m 行 n 列的零矩阵.
company(A)	产生 ***A*** 的伴随矩阵.

12.2　矩阵的运算

A′　　　　矩阵转置.

A + B 矩阵相加.

A - B 矩阵相减.

A * B 矩阵相乘.

k * A 数乘矩阵.

inv(A) 矩阵求逆.

A^n 矩阵求幂.

det(A) 矩阵的行列式.

rank(A) 矩阵的秩.

eig(A) 矩阵的特征值.

[**例 4**] 计算 $\boldsymbol{AB}^T$.

```
A = [11 12 13 14 15; 16 17 18 19 20];
≫ B = ones(size(A));
≫ A * B'
ans =
    65    65
    90    90
```

[**例 5**] 计算 $\boldsymbol{A}^3$,$\boldsymbol{A}^{-1}$.

```
A = [1 2 3;4 5 6;7 8 9];A^3
ans =
         468          576          684
        1062         1305         1548
        1656         2034         2412
inv(A)
ans =
  1.0e+016 *
   -0.4504    0.9007   -0.4504
    0.9007   -1.8014    0.9007
   -0.4504    0.9007   -0.4504
```

[**例 6**] 设 $\boldsymbol{A}=\begin{pmatrix}4&2&7\\1&9&2\\0&3&5\end{pmatrix}$,$\boldsymbol{B}=\begin{pmatrix}1\\0\\1\end{pmatrix}$,求 $\boldsymbol{AB}$ 与 $\boldsymbol{B}^T\boldsymbol{A}$,并求 $\boldsymbol{A}^3$.

```
A = [4 2 7;1 9 2;0 3 5];
B = [1 0 1]';
A * B
B' * A
A^3
ans =
```

```
    11
     3
     5
ans =
     4     5    12
ans =
   119   660   555
   141   932   444
    54   477   260
```

[**例7**]　设 $A=\begin{pmatrix}-1 & 1 & 1\\ 1 & -1 & 1\\ 1 & 2 & 3\end{pmatrix}$,$\boldsymbol{B}=\begin{pmatrix}3 & 2 & 1\\ 0 & 4 & 1\\ -1 & 2 & -4\end{pmatrix}$,求 $3\boldsymbol{AB}-2\boldsymbol{A}$ 及 $\boldsymbol{A}^{\mathrm{T}}\boldsymbol{B}$.

```
A=[-1 1 1;1 -1 1;1 2 3];
B=[3 2 1;0 4 1;-1 2 -4];
3*A*B-2*A
A'*B
ans =
   -10    10   -14
     4     2   -14
    -2    44   -33
ans =
    -4     4    -4
     1     2    -8
     0    12   -10
```

[**例8**]　求方阵的逆.

设 $A=\begin{pmatrix}2 & 1 & 3 & 2\\ 5 & 2 & 3 & 3\\ 0 & 1 & 4 & 6\\ 3 & 2 & 1 & 5\end{pmatrix}$,求 $\boldsymbol{A}^{-1}$.

```
A=[2 1 3 2;5 2 3 3;0 1 4 6;3 2 1 5];
inv(A)
ans =
   -1.7500    1.3125    0.5000   -0.6875
    5.5000   -3.6250   -2.0000    2.3750
    0.5000   -0.1250   -0.0000   -0.1250
   -1.2500    0.6875    0.5000   -0.3125
```

[**例 9**] 求矩阵的秩.

设 $\boldsymbol{M}=\begin{pmatrix}3 & 2 & -1 & -3 & -2\\ 2 & -1 & 3 & 1 & -3\\ 7 & 0 & 5 & -1 & -8\end{pmatrix}$,求矩阵 $\boldsymbol{M}$ 的秩(采用 rank( )命令).

```
m=[3 2 -1 -3 -2;2 -1 3 1 -3;7 0 5 -1 -8];
rank(m)
ans =
     2
```

[**例 10**] 求方阵的行列式.

设矩阵 $\boldsymbol{A}=\begin{pmatrix}3 & 7 & 2 & 6 & -4\\ 7 & 9 & 4 & 2 & 0\\ 11 & 5 & -6 & 9 & 3\\ 2 & 7 & -8 & 3 & 7\\ 5 & 7 & 9 & 0 & -6\end{pmatrix}$, 求 $|\boldsymbol{A}|$.

```
A=[3 7 2 6 -4;7 9 4 2 0;11 5 -6 9 3;2 7 -8 3 7;5 7 9 0 -6];
det(A)
ans =
        11592
```

12.3 解线性方程组

左除法 $A\backslash B$ 求解矩阵方程 $AX=B$.
右除法 B/A 求解矩阵方程 $XA=B$.
rref(A)求矩阵的行最简形.
null(A)求以 A 为系数矩阵的齐次线性方程组的基础解系.

[**例 11**] 解方程组 $\begin{cases}x+2y=1\\ 3x-2y=4\end{cases}$

```
A=[1 2;3 -2]; B=[1;4]; x=A\B
x =     1.2500
       -0.1250
```

[**例 12**] 解方程组 $\begin{cases}x+2y+z=1\\ 3x-2y+z=4\end{cases}$

```
A=[1 2 1;3 -2 1]; B=[1;4]; x=A\B
x  =     1.2500
        -0.1250
         0
```

[**例 13**] 求线性方程组的解 $\begin{cases}x_1-x_2+x_3-x_4=1\\ -x_1+x_2+x_3-x_4=1\\ 2x_1-2x_2-x_3+x_4=-1\end{cases}$

方法一：

```
A=[1 -1 1 -1;-1 1 1 -1;2 -2 -1 1];b=[1;1;-1];
[rank(A),rank([A,b])]
ans =     2     2
≫ rref([A,b])
ans =
     1    -1     0     0     0
     0     0     1    -1     1
     0     0     0     0     0
```

方法二：

```
x0 = A\b, x = null(A)
x =
   -0.7071         0
   -0.7071         0
   -0.0000    0.7071
   -0.0000    0.7071
```

[例 14]　求解线性方程组 $\begin{cases} x_1 + x_2 - 2x_3 - x_4 = 0 \\ 3x_1 - x_2 - x_3 + 2x_4 = 0 \\ 5x_2 + 7x_3 + 3x_4 = 0 \\ 2x_1 - 3x_2 - 5x_3 - x_4 = 0 \end{cases}$

```
a=[1 1 -2 -1;3 -1 -1 2;0 5 7 3;2 -3 -5 -1];
b=[0 0 0 0]';
x=a\b
x =
     0
     0
     0
     0
```

[例 15]　求解线性方程组 $\begin{cases} x_1 + x_2 - 2x_3 - x_4 = 4 \\ 3x_1 - 2x_2 - x_3 + 2x_4 = 2 \\ 5x_2 + 7x_3 + 3x_4 = -2 \\ 2x_1 - 3x_2 - 5x_3 - x_4 = 4 \end{cases}$

```
A=[1 1 -2 -1;3 -2 -1 2;0 5 7 3;2 -3 -5 -1];
B=[4;2;2;4];
C=[1 1 -2 -1 4;3 -2 -1 2 2;0 5 7 3 2;2 -3 -5 -1 4];     % C 为增广矩阵.
rref(C)
ans =
```

```
Columns 1 through 4
   1.0000         0         0    0.6667
        0    1.0000         0   -0.3333
        0         0    1.0000    0.6667
        0         0         0         0

Column 5
        0
        0
        0
   1.0000
```

［例 16］ 求解方程组 $\begin{cases} x_1 - x_2 + 2x_3 + x_4 = 1 \\ 2x_1 - x_2 + x_3 + 2x_4 = 3 \\ x_1 - x_3 + x_4 = 2 \\ 3x_1 - x_2 + 3x_4 = 5 \end{cases}$

```
a=[1 -1 2 1;2 -1 1 2;1 0 -1 1;3 -1 0 3];
b=[1;3;2;5];
rref([a b])
ans =
     1     0    -1     1     2
     0     1    -3     0     1
     0     0     0     0     0
     0     0     0     0     0
```

由结果可以看出 x_3、x_4 为自由未知量,方程组得解为:

$x_1 = 2 + x_3 - x_4$;

$x_2 = 1 + 3x_3$.

12.4 矩阵应用

矩阵的运算有其独特的方法,比如矩阵的乘法、逆矩阵的求法等. 对要发出的信息进行编码,可得到明码矩阵.

先用 26 个英文字母与数字建立一一对应,例如 A——1、B——2、…、Y——25、Z——26.

如有以下的明码要传递:I LOVE YOU.

首先将其与数字对应(空格对应于 27):9、27、12、15、22、5、27、25、15、21.

选择一个加密矩阵是:$\boldsymbol{A} = \begin{pmatrix} 1 & 0 & 1 \\ -1 & 1 & 0 \\ 0 & 1 & -1 \end{pmatrix}$

由于加密阵是三阶的，所以原明码阵 Y 可以指定为三行矩阵：$\boldsymbol{Y}=\begin{pmatrix}9&15&27&21\\27&22&25&0\\12&5&15&0\end{pmatrix}$

$$\boldsymbol{AY}=\begin{pmatrix}1&0&1\\-1&1&0\\0&1&-1\end{pmatrix}=\begin{pmatrix}9&15&27&21\\27&22&25&0\\12&5&15&0\end{pmatrix}=\begin{pmatrix}21&20&42&21\\18&7&-2&-21\\15&17&10&0\end{pmatrix}$$

即密码系列为 21、18、15、20、7、17、42、-2、10、21、-21、0. 对方收到密码后只需作 $A^{-1}AY$ 运算就可以得到明码.

[Matlab 程序]

```
A = [1 0 1; -1 1 0;0 1  -1]
≫ Y = [9 15 27 21;27 22 25 0;12 5 15 0]
≫ inv(A)
ans  =
     0.5000   -0.5000      0.5000
     0.5000    0.5000      0.5000
     0.5000    0.5000     -0.5000
≫ C = A * Y   (加密)
C  =
     21      20      42      21
     18       7      -2     -21
     15      17      10       0
≫ inv(A) * C   (解密)
ans  =
      9      15      27      21
     27      22      25       0
     12       5      15       0
```

12.5　实验内容

(1) 计算三阶行列式 $\boldsymbol{D}=\begin{vmatrix}1&2&-4\\-2&2&1\\-3&4&-2\end{vmatrix}$.

(2) 设 $\boldsymbol{A}=\begin{pmatrix}3&4&5\\4&2&6\end{pmatrix}$, $\boldsymbol{B}=\begin{pmatrix}4&2&7\\1&9&2\end{pmatrix}$, 求 $\boldsymbol{A}+\boldsymbol{B}$, $4\boldsymbol{B}-2\boldsymbol{A}$.

(3) 设 $\boldsymbol{A}=\begin{pmatrix}-1&1&1\\1&-1&1\\1&2&3\end{pmatrix}$, $\boldsymbol{B}=\begin{pmatrix}3&2&1\\0&4&1\\-1&2&-4\end{pmatrix}$, 求 $3\boldsymbol{AB}-2\boldsymbol{A}$ 及 $\boldsymbol{A}^T\boldsymbol{B}$.

(4) $\boldsymbol{A}=\begin{pmatrix}1 & 2 & 1\\ 2 & 3 & -1\end{pmatrix}$；$\boldsymbol{B}=\begin{pmatrix}1 & -1\\ -1 & 1\\ 1 & 1\end{pmatrix}$，求 $\boldsymbol{AB}$.

(5) 求矩阵 $\boldsymbol{A}$ 的逆矩阵 $\boldsymbol{A}=\begin{pmatrix}2 & 2 & 3\\ 1 & -1 & 0\\ -1 & 2 & 1\end{pmatrix}$.

(6) 求矩阵 $\boldsymbol{A}=\begin{bmatrix}2 & -1 & 0 & -3 & 3\\ 1 & 1 & -1 & 0 & 1\\ 1 & 2 & 1 & -1 & 8\\ 4 & 2 & 0 & -4 & 12\end{bmatrix}$ 的秩.

(7) 求解线性方程组 $\begin{cases}2x_1+x_2+x_3=2\\ x_1+3x_2+x_3=5\\ x_1+x_2+3x_3=-3\\ 2x_1+x_2-3x_3=10\end{cases}$

(8) 求解线性方程组 $\begin{cases}3x+2y+z=7\\ x-y+3z=6\\ 2x+4y-4z=-2\end{cases}$

(9) 求解线性方程组 $\begin{cases}x_1+x_2-2x_3-x_4=4\\ 3x_1-2x_2-x_3+2x_4=2\\ 5x_2+7x_3+3x_4=-2\\ 2x_1-3x_2-5x_3-x_4=4\end{cases}$

模块十三 线性规划模型

13.1 线性规划问题求解

【命令】

格式：[x, fval, exitflag] = linprog(f,A,b, Aeq,beq,lb,ub, x_0)

说明：返回值 x 为最优解向量，fval 为最优值；若没有不等式约束，则令 $A=[\ ]$、$b=[\ ]$；lb、ub 为变量 x 的下界和上界，x_0 为初值点；exitflag 描述函数计算的退出条件：若为正值，表示目标函数收敛于解 x 处；若为负值，表示目标函数不收敛；若为零值，表示已经达到函数评价或迭代的最大次数.

[例 17] 求解线性规划问题.

$\max f=70x_1+120x_2$

s.t $9x_1+4x_2\leqslant 3\,600$

$4x_1+5x_2\leqslant 2\,000$

$3x_1+10x_2 \leqslant 3\,000$

$x_1、x_2 \geqslant 0$

将其转换为标准形式：

$\min f=-70x_1-120x_2$

s. t　$9x_1+\ 4x_2 \leqslant 3\,600$

$4x_1+\ 5x_2 \leqslant 2\,000$

$3x_1+10x_2 \leqslant 3\,000$

$x_1、x_2 \geqslant 0$

Matlab 命令：f = [−70　−120]；

```
A=[9 4 ;4 5;3 10];
b=[3600;2000;3000];
lb=[0 0];
ub=[ ];
[x,fval,exitflag]=linprog(f,A,b,[ ],[ ],lb,ub)
maxf=-fval
x=
  200.0000
  240.0000
fval =
 -4.2800e+004
exitflag =
      1
maxf=
  4.2800e+004
```

[例 18]　求解线性规划问题.

$\max f=0.15x_1+0.1x_2+0.08\,x_3+0.12\,x_4$

s. t　$x_1-x_2-\ x_3-\ x_4 \leqslant 0$

$x_2+x_3-\ x_4 \geqslant 0$

$x_1+x_2+x_3+x_4=1$

$x_j \geqslant 0, j=1,2,3,4$

将其转换为标准形式：

$\min z=-0.15x_1-0.1x_2-0.08\,x_3-0.12\,x_4$

s. t　$x_1-x_2-\ x_3-\ x_4 \leqslant 0$

$-x_2-\ x_3+\ x_4 \leqslant 0$

$x_1+x_2+x_3+\ x_4=1$

$x_j \geqslant 0\ ,\ j=1,2,3,4$

【Matlab 命令】　f = [−0.15; −0.1; −0.08; −0.12]；

```
>> A=[1 -1 -1 -1; 0 -1 -1 1];
```

```
≫ b = [0;0];
≫ Aeq = [1 1 1 1]; beq = [1]; lb = zeros(4,1);
[x,fval,exitflag] = linprog(f,A,b,Aeq,beq,lb)
f = -fval
Optimization terminated.
x =    0.5000
       0.2500
       0.0000
       0.2500
fval = -0.1300
exitflag = 1
f =    0.1300
```

13.2 实例:运输问题

13.2.1 问题提出

两个煤厂 A_1 和 A_2 每月进煤数量分别为60t和100t,联合供应三个居民区(B_1,B_2,B_3).三个居民区每月对煤的需求量依次为50t、70t、40t.煤厂 A_1 离居民区 B_1、B_2、B_3 的距离分别为10km、5km、6km,煤厂 A_2 离居民区 B_1、B_2、B_3 的距离分别为4km、8km、12km,如何分配供煤量使得运输量(t·km)达到最小?

13.2.2 模型建立

分配供煤量优劣的指标为运输量,设为 z,用 x_{ij} 表示 $A_i(i=1,2)$ 煤厂提供给 $B_j(j=1,2,3)$ 居民区的煤量,则该问题的数学模型为:

目标函数:$\min z = 10x_{11} + 5x_{12} + 6x_{13} + 4x_{21} + 8x_{22} + 12x_{23}$.

$$\text{约束条件:}\begin{cases} x_{11} + x_{12} + x_{13} = 60 & (A_1\text{ 的供煤量}) \\ x_{21} + x_{22} + x_{23} = 100 & (A_2\text{ 的供煤量}) \\ x_{11} + x_{21} = 50 & (B_1\text{ 的需求煤量}) \\ x_{12} + x_{22} = 70 & (B_2\text{ 的需求煤量}) \\ x_{13} + x_{23} = 40 & (B_3\text{ 的需求煤量}) \\ x_{ij} \geqslant 0, (i = 1,2; j = 1,2,3) & (\text{运煤量不能为负值}) \end{cases}$$

```
c = [10;5;6;4;8;12];
≫ beq = [60;100;50;70;40;];
≫ Aeq = [1 1 1 0 0 0;0 0 0 1 1 1;1 0 0 1 0 0;0 1 0 0 1 0;0 0 1 0 0 1];
≫ lb = zeros(6,1);
≫ [x,fval,exitflag] = linprog(c,[],[],Aeq,beq,lb,[])
```

```
Optimization terminated.
x =       0.0000
         20.0000
         40.0000
         50.0000
         50.0000
          0.0000
fval =   940.0000
exitflag  =      1
```

13.3　实验内容

某工厂生产甲、乙两种产品. 这两种产品都需要在 A、B、C 三种不同设备上加工. 每吨甲、乙产品在不同设备上加工所需的台时数,它们销售后所能获得的利润值以及这三种加工设备在计划期内能提供的有限台时数均列于表 13.1 中. 如何安排生产计划,即甲、乙两种产品各生产多少吨,可使该厂所获利润最大?

数　　据　　表 13.1

设　　备	每吨产品的加工台时		有限台时数
	甲	乙	
A	3	4	36
B	5	4	40
C	9	8	76
利润(元/t)	32	30	求最大利润

第六单元　SPSS 使用简介与回归实例

模块十四　SPSS 软件介绍

SPSS(Statistical Product and Service Solutions),“统计产品与服务解决方案”软件. SPSS 采用类似 EXCEL 表格的方式输入与管理数据,数据接口较为通用,能方便的从其他数据库中读入数据. 其统计过程包括了常用的、较为成熟的统计过程,完全可以满足非统计专业人士的工作需要. 输出结果十分美观,存储时则是专用的 SPO 格式,可以转存为 HTML 格式和文本格式. SPSS for Windows 由于其操作简单,已经在我国的社会科学、自然科学的各个领域发挥了巨大作用. 该软件还可以应用于经济学、数学、统计学、物流管理、生物学、心理学、地理学、医疗卫生、体育、农业、林业、商业等各个领域.

14.1　SPSS 的界面

当打开 SPSS 后,展现在我们面前的界面如图 14.1 所示.

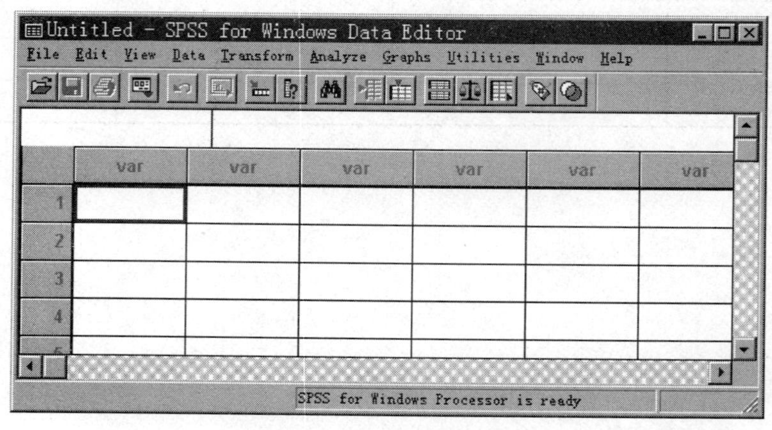

图 14.1　SPSS 运行主窗口

请注意窗口顶部显示为“SPSS for Windows Data Editor”,表明现在所看到的是 SPSS 的数据管理窗口. 这是一个典型的 Windows 软件界面,有菜单栏、工具栏. 特别的,工具栏下方是数据栏,数据栏下方则是数据管理窗口的主界面. 该界面和 EXCEL 极为相似,由若干行和列组成,每行对应了一条记录,每列则对应了一个变量. 由于现在我们没有输入任何数据,所以行、列的标号都是灰色的. 注意第一行第一列的单元格边框为深色,表明该数据单元格为当前单元格.

14.2　功能简介

14.2.1　绘图

下方菜单项代表我们最为常用的普通统计图(见图 14.2),具体来说有:

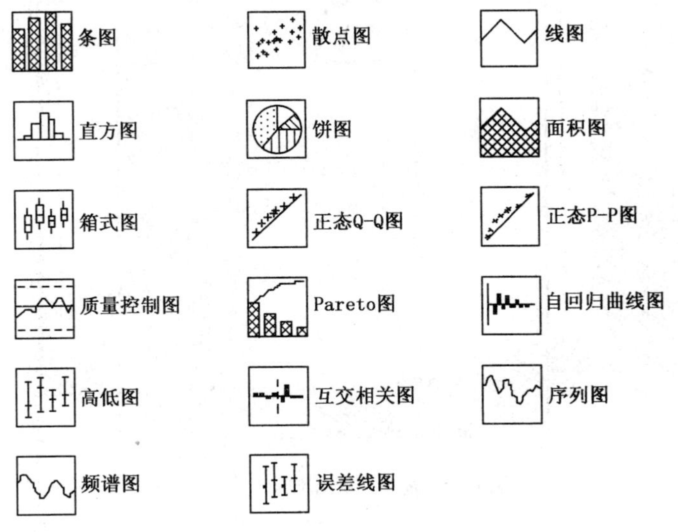

图 14.2　最为常用的普通统计图

14.2.2　举例——简单柱状图、圆饼图

简单柱状图步骤:

(1)如图 14.3 所示简单柱状图步骤 1:定义数据类型,字长等.

(2)如图 14.4 所示简单柱状图步骤 2:输入数据.

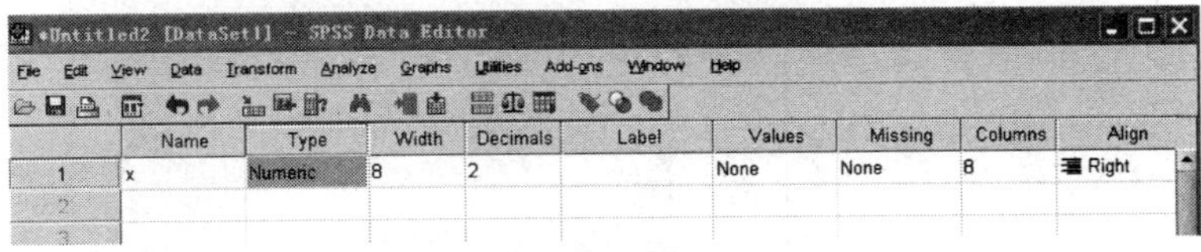

图 14.3　简单柱状图步骤 1

图 14.4　简单柱状图步骤 2

(3)如图 14.5 所示简单柱状图步骤 3:选择生成柱状图数据列.

(4)如图 14.6 所示简单柱状图步骤 4:柱状图输出图截图.

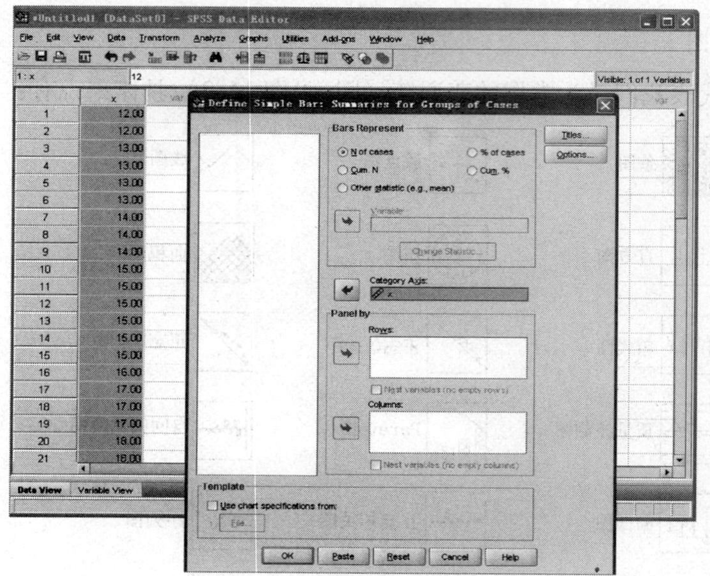

图 14.5 简单柱状图步骤 3

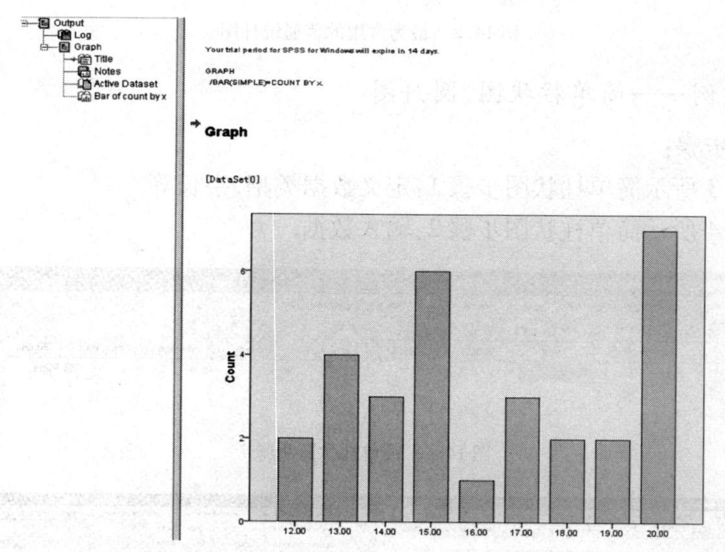

图 14.6 简单柱状图步骤 4

上述例子给出了简单柱状图(图 14.3 ~ 图 14.6),圆饼图(图 14.7)和计算均值和标准方差(图 14.8). 在图 14.8 的右边,显示了均值为 16.3,标准方差为 2.781.

14.2.3 求置信区间

[例 1] 某种清漆的 9 个样品,其干燥时间(以小时计)分别为:

6.0 5.7 5.8 6.5 7.0 6.3 5.6 6.1 5.0

设干燥时间服从正态分布 $N(\mu,\sigma^2)$,求 μ,σ 的估计值和置信度为0.95的置信区间.

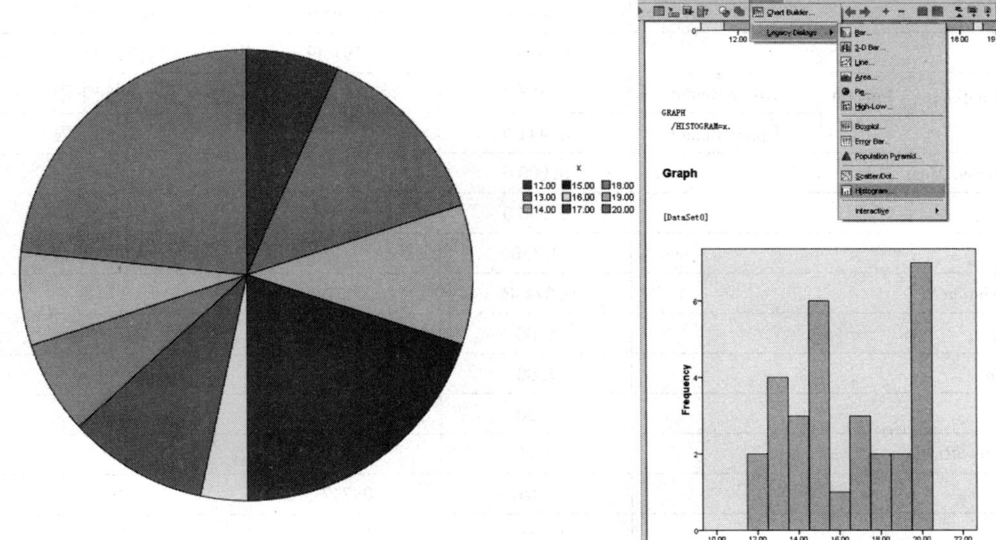

图 14.7　圆饼图　　　　图 14.8　计算均值和标准方差

解题步骤:

(1)如图 14.9 所示置信区间步骤 1:输入数据,选择数据正态分布.

(2)如图 14.10 所示置信区间步骤 2:选择 0.95 的置信度和数据分析列.

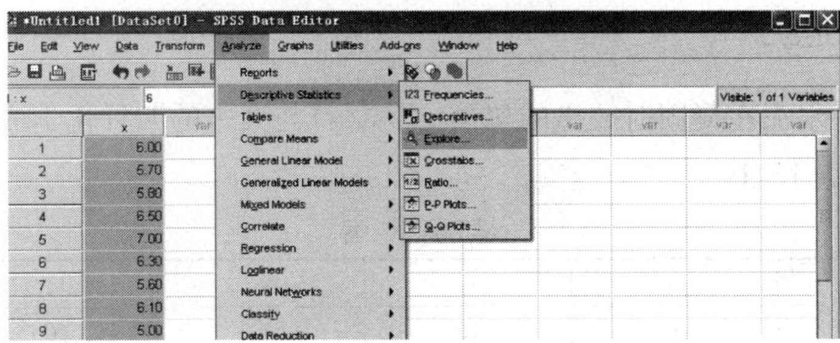

图 14.9　置信区间步骤 1

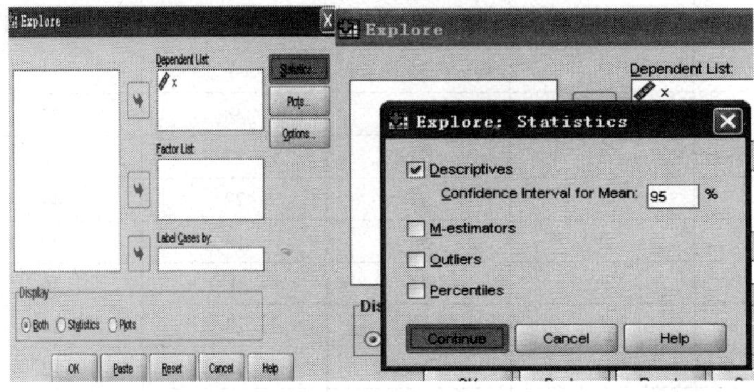

图 14.10　置信区间步骤 2

按“OK”输出最后答案,见表 14.1).

置信区间输出结果表　　　　表 14.1

		Statistic	Std. Error	说　明
x Mean		6.000 0	0.191 49	均值标准差
95% Confidence Interval for Mean	Lower Bound	5.558 4		置信区间下限
	Upper Bound	6.441 6		置信区间上限
5% Trimmed Mean		6.000 0		5%的截尾均值
Median		6.000 0		中位数
Variance		0.330		方差
Std. Deviation		0.574 46		标准离差
Minimum		5.00		最小值
Maximum		7.00		最大值
Range		2.00		极差
Interquartile Range		0.75		
Skewness		0.046	0.717	偏度
Kurtosis		0.609	1.400	峰度

模块十五　SPSS 解决回归分析模型

15.1　线性回归

［**例 2**］　某种水泥在凝固时放出的热量 y(cal/g) 与其中的四种化学成分 x_1, x_2, x_3, x_4 有关,样本数据列于表 15.1.

样 本 数 据　　　　表 15.1

序号	x_1	x_2	x_3	x_4	y
1	7	26	6	60	78.5
2	1	29	15	52	74.3
3	11	56	8	20	104.3
4	11	31	8	47	87.6
5	7	52	6	33	95.9
6	11	55	9	22	109.2
7	3	71	17	6	102.7
8	1	31	22	44	72.5
9	2	54	18	22	93.1
10	21	47	4	26	115.9
11	1	40	23	34	83.8
12	11	66	9	12	113.3
13	10	68	8	12	109.4

建立 y 关于 x_1, x_2, x_3, x_4 的线性回归方程.

[求解过程]

单击 SPSS 主菜单的“Analyze”下的“Regression”中“Linear”项,将打开如图 15.1 线性回归步骤 1 所示的线性回归过程窗口,如图 15.2 线性回归步骤 2 所示选择回归的变量等.

下面分析图 15.3 线性回归步骤 3 的各个选项的中文说明:

图 15.1　线性回归步骤 1

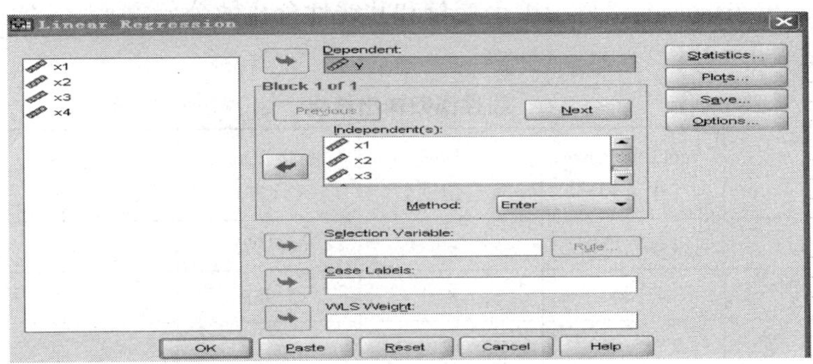

图 15.2　线性回归步骤 2

①“Regression Coefficients”回归系数选项:

☑ “Estimates”输出回归系数和相关统计量;

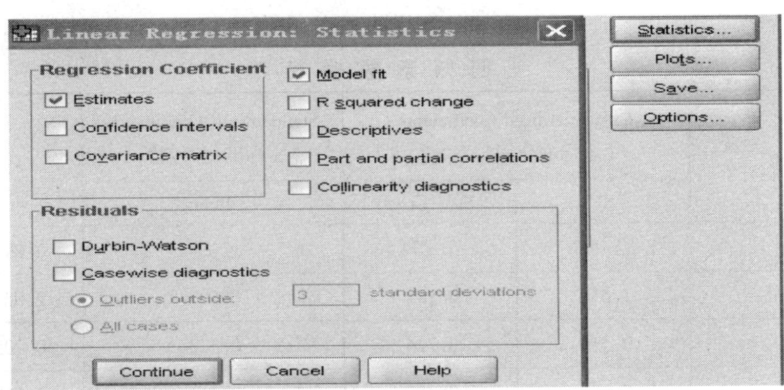

图 15.3　线性回归步骤 3

□"Confidence interval"回归系数的95%置信区间；

□"Covariance matrix"回归系数的方差-协方差矩阵.

本例子选择"Estimates"输出回归系数和相关统计量.

②"Residuals"残差选项：

□"Durbin-Watson"Durbin-Watson 检验；

□"Casewise diagnostic"输出满足选择条件的观测量的相关信息. 选择该项，下面两项处于可选状态；

◉"Outliers outside standard deviations"选择标准化残差的绝对值大于输入值的观测量；

○"All cases"选择所有观测量.

本例子都不选.

③其他输入选项：

☑"Model fit"输出相关系数、相关系数平方、调整系数、估计标准误、ANOVA 表；

□"R squared change"输出由于加入和剔除变量而引起的复相关系数平方的变化；

□"Descriptives"输出变量矩阵、标准差和相关系数单侧显著性水平矩阵；

□"Part and partial correlation"相关系数和偏相关系数；

□"Collinearity diagnostics"显示单个变量和共线性分析的公差.

结果输出见表 15.2.

线性回归输出结果　　表 15.2

	Model	Sum of Squares（平方和）	Df（自由度）	Mean Square（均方）	F	Sig.（显著性水平）
1	Regression（回归）	2 667.899	4	666.975	111.479	.000a
	Residual（剩余）	47.864	8	5.983		
	Total（总和）	2 715.763	12			

根据表 15.3，可写出回归后的方程为：

$$y = 1.551x_1 + 0.51x_2 + 0.102x_3 - 0.144x_4 + 62.405$$

预测值 $\hat{y}$ 的标准差可用剩余均方估计：

$$s_{\hat{y}} = \sqrt{5.983} = 2.446$$

回 归 系 数 输 出　　表 15.3

	Model	Unstandardized Coefficients（非标准化回归系数）		Standardized Coefficients（标准化回归）	t	Sig.
		B	Std. Error	Beta		
1	(Constant)	62.405	70.071		0.891	0.399
	x_1	1.551	0.745	0.607	2.083	0.071
	x_2	0.510	0.724	0.528	0.705	0.501
	x_3	0.102	0.755	0.043	0.135	0.896
	x_4	-0.144	0.709	-0.160	-0.203	0.844

15.2 多项式拟合

[**例3**] 某次实验测量的数据见表15.4:

实 验 数 据 表 表15.4

x	1	2	3	4	5	6	7	8
y	2	8	20	50	102	182	296	450

对上面数据进行拟合,见图15.4.

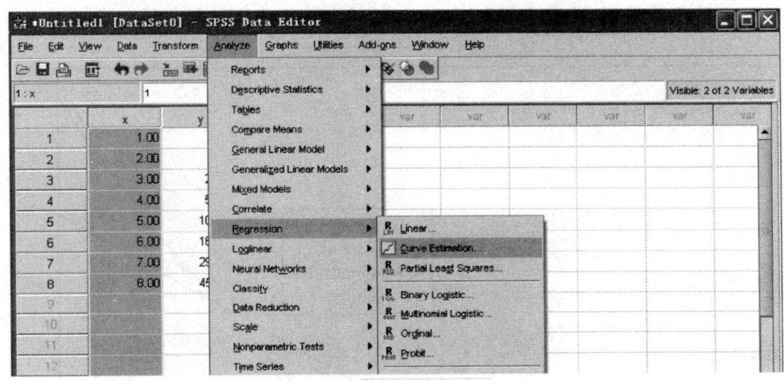

图15.4 数据拟合步骤1

如图15.5所示,数据拟合步骤2说明对实例2数据选择三种拟合方式.

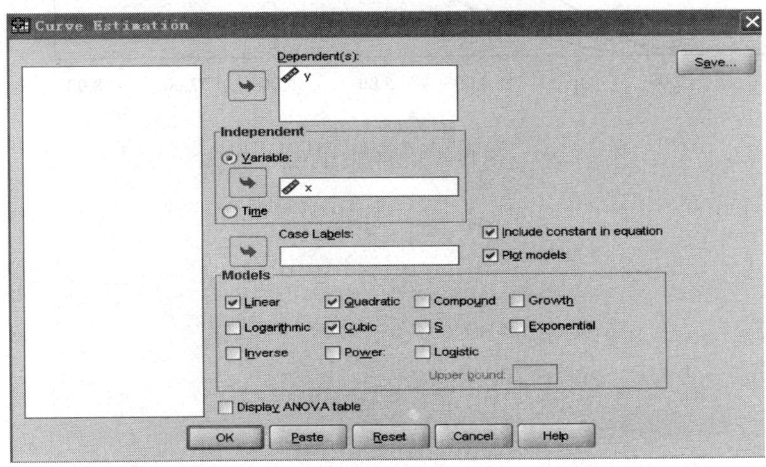

图15.5 数据拟合步骤2

结果输出如下(表15.5)

Liner(一次拟合):

$$y = 60.881x - 135.214$$

Quadratic(二次拟合):

$$y = 12.512x^2 - 51.726x + 52.464$$

结果输出　　表 15.5

Equation	Model Summary					Parameter Estimates			
	R Square	F	df1	df2	Sig.	Constant	b1	b2	b3
Linear	0.853	34.688	1	6	0.001	-135.214	60.881		
Quadratic	0.997	725.706	2	5	0.000	52.464	-51.726	12.512	
Cubic	1.000	9.730E4	3	4	0.000	1.714	1.074	-1.329	1.025

Cubic（三次拟合）：

$$y = 1.025x^3 - 1.329x^2 + 1.074x + 1.714$$

从图 15.6 可以看出，对原始数据进行三次拟合效果比较好.

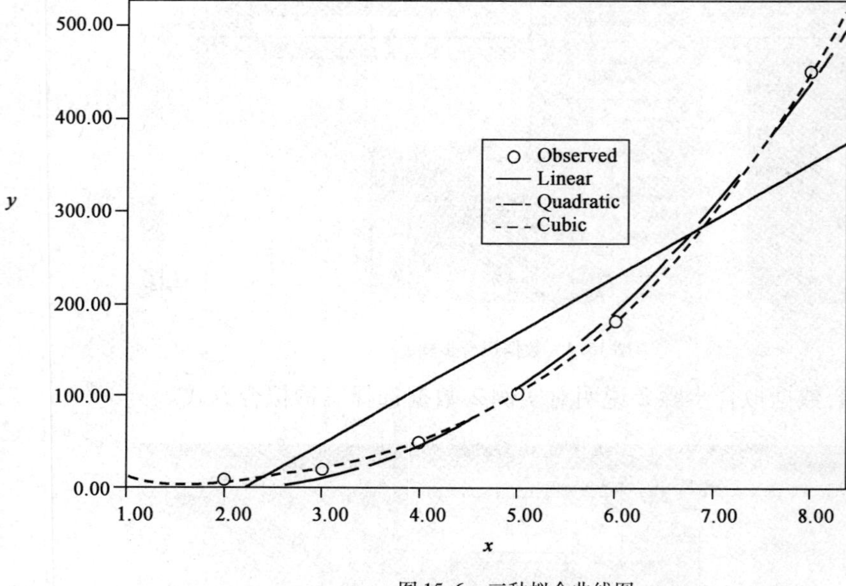

图 15.6　三种拟合曲线图

第七单元　LINGO 简介及应用实例

模块十六　LINGO 软件介绍

16.1　LINGO 使用介绍

LINGO 是用来求解线性和非线性优化问题的简易工具. LINGO 内置了一种建立最优化模型的语言,可以简便地表达大规模问题,利用 LINGO 高效的求解器可快速求解并分析结果.

一般来说 LINGO 多用于解决大规模数学规划.

用时要注意以下几点:

(1)每条语句后必须使用分号“;”结束. 问题模型必须由 MODEL 命令开始,END 结束.

(2)用 MODEL 命令来作为输入问题模型的开始,格式为 MODEL:statement(语句).

(3)目标函数必须由“min =”或“max =”开头.

当你在 windows 下开始运行 LINGO 系统时,会得到类似下面的一个窗口(图 16.1):

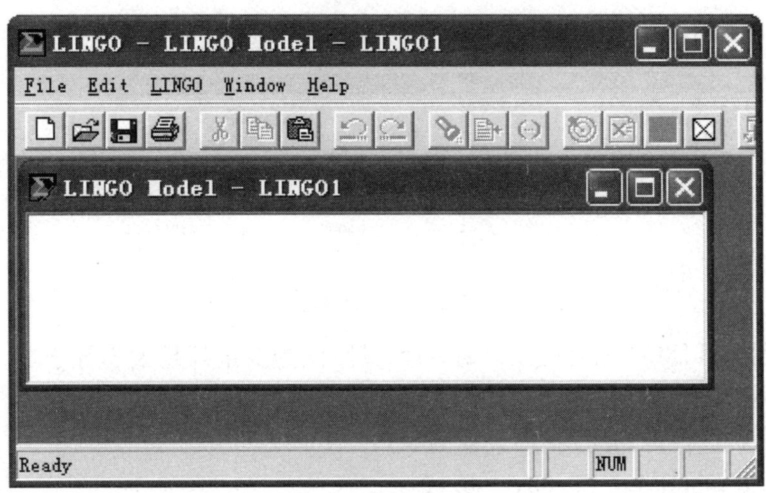

图 16.1　LINGO 运行主窗口

外层是主框架窗口,包含了所有菜单命令和工具条,其他所有的窗口将被包含在主窗口之下. 在主窗口内的标题为 LINGO Model-LINGO1 的窗口是 LINGO 的默认模型窗口,建立的模型都要在该窗口内编码实现.

[例 1]　min　$2x_1+3x_2$

$$\begin{aligned} st.\quad & x_1+x_2\geqslant 350\\ & x_1\geqslant 100 \end{aligned}$$

$2x_1+x_2\leqslant 600$

$x_1,x_2\geqslant 0$

在模型窗口中输入如下代码：

```
min = 2 * x1 + 3 * x2;
x1 + x2 > = 350;
x1 > = 100;
2 * x1 + x2 < = 600;
```

然后点击工具条上的按钮即可.

[例 2] 求解线性规划问题(第五单元例 17)：

max $f=70x_1+120x_2$

s.t $9x_1+4x_2\leqslant 3\,600$

$4x_1+5x_2\leqslant 2\,000$

$3x_1+10x_2\leqslant 3\,000$

$x_1,x_2\geqslant 0$

在模型窗口中输入如下代码：

```
max = 70 * x1 + 120 * x2;
9 * x1 + 4 * x2 < = 3600;
4 * x1 + 5 * x2 < = 2000;
3 * x1 + 10 * x2 < = 3000;
```

然后点击工具条上的按钮即可输出结果(图 16.2).

```
Solution Report - LINGO1
Global optimal solution found.
Objective value:                    42800.00
Infeasibilities:                    0.000000
Total solver iterations:                   2

          Variable        Value     Reduced Cost
                X1     200.0000         0.000000
                X2     240.0000         0.000000
```

图 16.2 结果输出

在规划问题上，LINGO 相对比较容易编译，其默认的变量都是大于等于零，若变量允许负数，则在程序中要加上@ free(变量)，比用 Matlab 简单.

[例 3] 求解线性规划问题(第五章例题)：

max $f=0.15x_1+0.1x_2+0.08x_3+0.12x_4$

s.t $x_1-x_2-x_3-x_4\leqslant 0$

$x_2+x_3-x_4\geqslant 0$

$x_1+x_2+x_3+x_4=1$

在模型窗口中输入如下代码：

```
max = 0.15 * x1 + 0.1 * x2 + 0.08 * x3 + 0.12 * x4;
x1 - x2 - x3 - x4 < = 0;
x2 + x3 - x4 > = 0;
```

x1 + x2 + x3 + x4 = 1;

运行结果如下(图 16.3):

```
Solution Report - LINGO1
  Global optimal solution found.
  Objective value:                              0.1300000
  Infeasibilities:                               0.000000
  Total solver iterations:                              3


                     Variable           Value        Reduced Cost
                           X1       0.5000000            0.000000
                           X2       0.2500000            0.000000
                           X3        0.000000        0.2000000E-01
                           X4       0.2500000            0.000000
```

图 16.3 例 3 结果输出图

16.2 LINGO 模型的数据部分和初始部分

在处理模型的数据时,需要为集指派一些成员并且在 LINGO 求解模型之前为集的某些属性指定值. 为此,LINGO 为用户提供了两个可选部分:输入集成员和数据的数据部分(Data Section)、为决策变量设置初始值的初始部分(Init Section).

16.2.1 数据部分

提供了模型相对静止部分和数据分离的可能性. 显然,这对模型的维护和维数的缩放非常便利.

数据部分以关键字"data:"开始,以关键字"enddata"结束. 在这里,可以指定集成员、集的属性. 其语法如下:

object_list = value_list

对象列(object_list)包含要指定值的属性名、要设置集成员的集名,用逗号或空格隔开. 一个对象列中至多有一个集名,而属性名可以有任意多个. 如果对象列中有多个属性名,那么它们的类型必须一致. 如果对象列中有一个集名,那么对象列中所有的属性的类型就是这个集.

数值列(value_list)包含要分配给对象列中的对象的值,用逗号或空格隔开. 注意属性值的个数必须等于集成员的个数.

[**例 4**]

```
sets:
  set1/A,B,C/:X,Y;
endsets
data:
  X = 1,2,3;
  Y = 4,5,6;
enddata
```

在集 set1 中定义了两个属性 X 和 Y. X 的三个值是 1、2 和 3,Y 的三个值是 4、5 和 6.

16.2.2 实时数据处理

在某些情况下,对于模型中的某些数据并不是定值. 譬如模型中有一个银行的浮动利率的参数,我们想在2% ~6%范围内,对不同的值求解模型,来观察模型的结果对银行的浮动利率的依赖有多么敏感.我们把这种情况称为实时数据处理(what if analysis).LINGO有一个特征可方便地做到这件事.

在本该放数的地方输入一个问号(?).

[**例5**]

```
data:
  bank_rate =    ?;
enddata
```

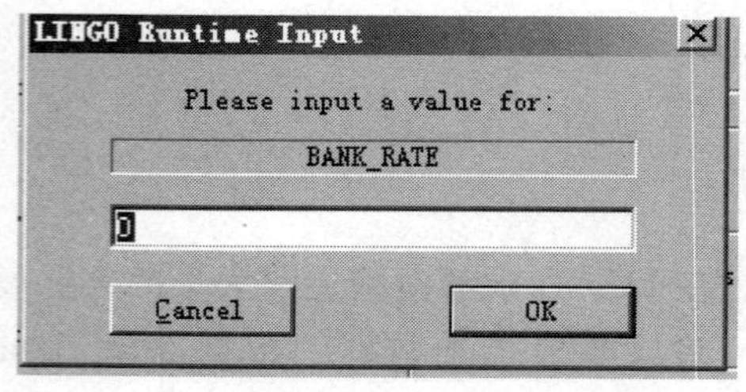

图16.4 利率输入窗口

每一次求解模型时,LINGO都会提示为参数Bank_rate输入一个值.在WINDOWS操作系统下,将会接收到一个类似下面的对话框(图16.4):

直接输入一个值再点击OK按钮,LINGO就会把输入的值指定给Bank_rate,然后继续求解模型.

16.2.3 数据部分的未知数值

有时只想为一个集的部分成员的某个属性指定值,而让其余成员的该属性保持未知,以便让LINGO去求出它们的最优值.在数据声明中输入两个相连的逗号表示该位置对应的集成员的属性值未知.两个逗号间可以有空格.

[**例6**]

```
sets:
  baby/1..5/:month;
endsets
data:
  month = ,3,9,,;
enddata
```

属性month的第2个和第3个值分别为3和9,其余的未知.

16.3 LINGO函数简介

16.3.1 数学函数

LINGO提供了大量的标准数学函数:

@abs(x):返回x的绝对值.

@sin(x):返回x的正弦值,x采用弧度制.

@cos(x):返回x的余弦值.

@tan(x):返回x的正切值.

@exp(x):返回常数e的x次方.

@log(x):返回x的自然对数.

@lgm(x):返回x的gamma函数的自然对数(当x为整数时,lgm(x) = log($x-1$)!;当x不

为整数时,采用线性插值得到结果).

@sign(x):如果 $x<0$ 返回 -1;否则,返回 1.

@floor(x):返回 x 的整数部分. 当 $x>=0$ 时,返回不超过 x 的最大整.

当 $x<0$ 时,返回不低于 x 的最大整数.

@pow(x,y):指数函数,返回 x 的 y 次方的值.

@sqr(x):平方函数,返回 x 的平方(即 $x \cdot x$)的值.

@sqrt(x):平方根函数,返回 x 的正的平方根的值.

@sign(x):符号函数,返回 x 的符号值($x<0$ 时返回 -1,$x>=0$ 时返回 +1).

@mod(x,y):模函数,返回 x 对 y 取模的结果,既 x 除以 y 的余数,这里 x 和 y 应该是整数.

@smax(x1,x2,…,xn):返回 $x_1,x_2,\cdots,x_n$ 中的最大值.

@smin(x1,x2,…,xn):返回 $x_1,x_2,\cdots,x_n$ 中的最小值.

16.3.2　变量定界函数

@bin(x):限制 x 为 0 或 1.

@bnd(L,x,U):限制 L≤x≤U.

@free(x):取消对变量 x 的默认下界为 0 的限制,即 x 可以取任意实数.

@gin(x):限制 x 为整数.

在默认情况下,LINGO 规定变量是非负的,也就是说下界为 0,上界为 +∞. @free 取消了默认的下界为 0 的限制,使变量也可以取负值. @bnd 用于设定一个变量的上下界,它也可以取消默认下界为 0 的约束.

16.3.3　输入和输出函数

输入和输出函数可以把模型和外部数据比如文本文件、数据库和电子表格等连接起来.

1)@file 函数

该函数能从外部文件中输入数据,可以放在模型中任何地方,函数的语法格式为@file('filename'). 这里 filename 是文件名,可以采用相对路径和绝对路径两种表示方式. @file 函数对同一文件的两种表示方式的处理和对两个不同的文件处理是一样的,这一点必须注意.

2)@text 函数

该函数被用在数据部分,用来把解输出至文本文件中. 它可以输出集成员和集属性值,其语法为@text(['filename']).

这里 filename 是文件名,可以采用相对路径和绝对路径两种表示方式. 如果忽略 filename,那么数据就被输出到标准输出设备(大多数情形都是屏幕). @text 函数仅能出现在模型数据部分的一条语句的左边,右边是集名(用来输出该集的所有成员名)或集属性名(用来输出该集属性的值).

16.3.4　逻辑运算符

#not#:否定该操作数的逻辑值,#not#是一个一元运算符.

#eq#:若两个运算数相等,则为 true;否则为 false.

#ne#:若两个运算符不相等,则为 true;否则为 false.

#gt#:若左边的运算符严格大于右边的运算符,则为 true;否则为 false.

#ge#:若左边的运算符大于或等于右边的运算符,则为 true;否则为 false.

#lt#:若左边的运算符严格小于右边的运算符,则为 true;否则为 false.

#le#:若左边的运算符小于或等于右边的运算符,则为 true;否则为 false.

#and#:仅当两个参数都为 true 时,结果为 true;否则为 false.

#or#:仅当两个参数都为 false 时,结果为 false;否则为 true.

这些运算符的优先级由高到低为:

高#not# #eq# #ne# #gt# #ge# #lt# #le#;低#and# #or#.

[例7]　逻辑运算符例子 2 #gt# 3 #and# 4 #gt# 2

分析结果为:;其结果为假(0).

LINGO 其他命令,这里不做介绍.该章节重点介绍 LINGO 在规划模型应用问题的实用.

模块十七　LINGO 实例应用

17.1　实例

[例8]　某航运公司承担 6 个港口城市 A,B,C,D,E,F 的四条固定航线的物资运输任务.已知各条航线的起点、终点城市及每天航班数,见表 17.1:

航线信息表 1　　表 17.1

航　线	起点城市	终点城市	每天航班数
1	E	D	3
2	B	C	2
3	A	F	1
4	D	B	1

假定各条航线使用相同型号的船只,各城市间的航程天数见表 17.2:

航线信息表 2　　表 17.2

从＼到	A	B	C	D	E	F
A	0	1	2	14	7	7
B	1	0	3	13	8	8
C	2	3	0	15	5	5
D	14	13	15	0	17	20
E	7	8	5	17	0	3
F	7	8	5	20	3	0

又知每条船只每次装卸货物的时间各需 1d,则该航运公司至少应配备多少条船,才能满足所有航线的运货要求.

[**Model lingo**]

说明:本模型主要解决 C,D,F 到 E,A,B 的空船运输问题;

```
sets:
l/1..3/:bn,bs;! bn,A,B,E,对空船的需求量;bs,C,D,F,空船的数量;
m(l,l):a,x;! a,距离矩阵,x,运输方案;
endsets
data:
bn =1 1 3;
bs =2 2 1;
a =2 3 5
  14  13  17
7  8  3;
enddata
min = @ sum(m:a * x);
@ for(l(i):@ sum(l(j):x(i,j)) =bs(i);@ sum(l(j):x(j,i)) =bn(i));
```

如图 17.1 所示,显示出最优结果:

```
Solution Report - LINGO1
  Global optimal solution found.
  Objective value:                              40.00000
  Infeasibilities:                              0.000000
  Total solver iterations:                             5

                    Variable           Value        Reduced Cost
                     BN( 1)         1.000000            0.000000
                     BN( 2)         1.000000            0.000000
                     BN( 3)         3.000000            0.000000
                     BS( 1)         2.000000            0.000000
                     BS( 2)         2.000000            0.000000
                     BS( 3)         1.000000            0.000000
                   A( 1, 1)         2.000000            0.000000
                   A( 1, 2)         3.000000            0.000000
                   A( 1, 3)         5.000000            0.000000
                   A( 2, 1)         14.00000            0.000000
                   A( 2, 2)         13.00000            0.000000
                   A( 2, 3)         17.00000            0.000000
                   A( 3, 1)         7.000000            0.000000
                   A( 3, 2)         8.000000            0.000000
                   A( 3, 3)         3.000000            0.000000
                   X( 1, 1)         1.000000            0.000000
                   X( 1, 2)         0.000000            2.000000
                   X( 1, 3)         1.000000            0.000000
                   X( 2, 1)         0.000000            0.000000
                   X( 2, 2)         1.000000            0.000000
                   X( 2, 3)         1.000000            0.000000
                   X( 3, 1)         0.000000            7.000000
                   X( 3, 2)         0.000000            9.000000
                   X( 3, 3)         1.000000            0.000000
```

图 17.1 结果输出

[**例 9**] (0-1 规划)学校正组建一支 400m 混合泳(自由泳,仰泳,蝶泳,蛙泳)接力队,有四位泳将:王明,陈刚,刘勇,李立,他们四项游泳项目成绩见表 17.3,Doc Councilman 应如何安排四位泳将的接力项目?

游 泳 成 绩　　表 17.3

单位:秒	自 由 泳	蛙　泳	蝶　泳	仰　泳
王明	54	54	51	53
陈刚	51	57	52	52
刘勇	50	53	54	56
李立	56	54	55	53

[Model lingo]

```
sets:
l/1..4/;
m(l,l):a,x;          ! 说明:x,指派矩阵,a,游泳成绩表;
endsets
data:
a=54 54 51 53
  51 57 52 52
  50 53 54 56
  56 54 55 53;
enddata
min=@sum(m(i,j):a(i,j)*x(i,j));
@for(l(i): @sum(l(j):x(i,j))=1;        ! 每个人只能参加一个项目;
@sum(l(j):x(j,i))=1);                  ! 每个项目只能一个人完成;
@for(m(i,j):@bin(x(i,j)));             ! 每个元素(人员)只能是1或0;
```

结果如图 17.2 所示:x(1,3) = x(2,4) = x(3,1) = x(4,2) = 1,说明王明—蝶泳,陈刚—仰泳,刘勇—自由泳,李立—蛙泳.

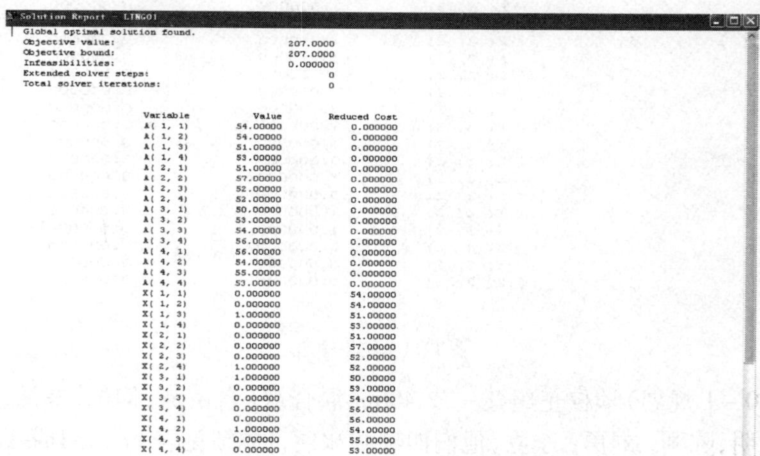

Solution Report - LINGO1

Global optimal solution found.
Objective value: 207.0000
Objective bound: 207.0000
Infeasibilities: 0.000000
Extended solver steps: 0
Total solver iterations: 0

Variable	Value	Reduced Cost
A(1, 1)	54.00000	0.000000
A(1, 2)	54.00000	0.000000
A(1, 3)	51.00000	0.000000
A(1, 4)	53.00000	0.000000
A(2, 1)	51.00000	0.000000
A(2, 2)	57.00000	0.000000
A(2, 3)	52.00000	0.000000
A(2, 4)	52.00000	0.000000
A(3, 1)	50.00000	0.000000
A(3, 2)	53.00000	0.000000
A(3, 3)	54.00000	0.000000
A(3, 4)	56.00000	0.000000
A(4, 1)	56.00000	0.000000
A(4, 2)	54.00000	0.000000
A(4, 3)	55.00000	0.000000
A(4, 4)	53.00000	0.000000
X(1, 1)	0.000000	54.00000
X(1, 2)	0.000000	54.00000
X(1, 3)	1.000000	51.00000
X(1, 4)	0.000000	53.00000
X(2, 1)	0.000000	51.00000
X(2, 2)	0.000000	57.00000
X(2, 3)	0.000000	52.00000
X(2, 4)	1.000000	52.00000
X(3, 1)	1.000000	50.00000
X(3, 2)	0.000000	53.00000
X(3, 3)	0.000000	54.00000
X(3, 4)	0.000000	56.00000
X(4, 1)	0.000000	56.00000
X(4, 2)	1.000000	54.00000
X(4, 3)	0.000000	55.00000
X(4, 4)	0.000000	53.00000

图 17.2　游泳结果输出

[**例 10**]　奇瑞在温州和广州生产汽车,在杭州有一仓库,供应点为金华和开封,城市间每辆汽车运输费用(元/辆)见表 17.4. 温州的生产能力为 1 100 辆,广州的生产能力为 2 900 辆. 金华汽车需求量为 2 400 辆,开封汽车需求量为 1 500 辆.

汽 车 费 用 表　　　　表 17.4

	温州	广州	杭州	金华	开封
温州	0	140	100	90	225
广州	145	0	111	110	119
杭州	105	115	0	113	78
金华	89	109	121	0	—
开封	210	117	82	—	0

如何确定运输和生产方案,才能满足金华和开封的需求且费用最低.

[**Model lingo**]

```
sets:
l/1..5/:g;! 5 个地点的输入与输入差;
m(l,l):c,x;! x,运输方案,c,运输成本;
endsets
data:
c =0 140 100 90 225
145 0 111 110 119
105 115 0 113 78
89 109 121 0 1000000
210 117 82 1000000 0;
! 很大的数 1000000 表示禁止运输发生;
enddata
min =@ sum(m(i,j):c(i,j) * x(i,j));
@ for(l(i):@ free(g(i));g(i) =@ sum(l(j):x(j,i)) - @ sum(l(j):x(i,j))); g(1) +1100
> =0;! 温州的纯输出(-g(1))应小于 1100(产量);
g(2) +2900 > =0; ! 广州的纯输出(-g(2))应小于 2900(产量);
g(3) =0;! 杭州输入输出平衡;
g(4) =2400;! 金华的纯输入应等于需求;
(5) =1500; ! 开封的纯输入应等于需求;
```

结果输出如下:

结果如图 17.3 所示:x(1,4) =1 100,说明温州到金华 1 100 辆;x(2,4) =1 300,说明广州到金华 1 300 辆;x(2,5) =1 500,说明广州到开封 1 500 辆,总费用为 420 500 元.

17.2　实验内容

(1)某家具公司制造书桌、餐桌和椅子,所用的资源有三种:木料、木工和漆工. 生产数据

如表 17.5 所示：

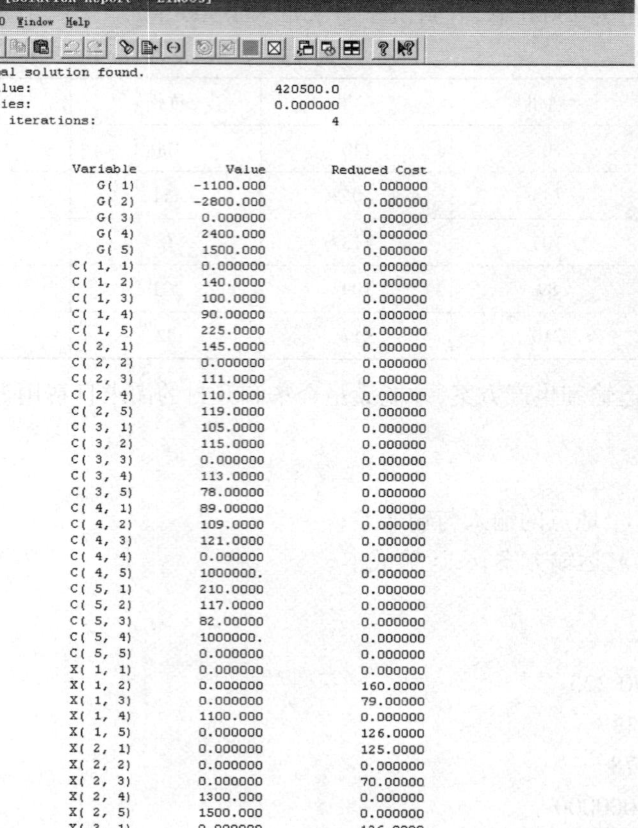

图 17.3　汽车费用输出结果

生 产 数 据 表　　表 17.5

	每个书桌	每个餐桌	每个椅子	现有资源总数
木料	8 单位	6 单位	1 单位	48 单位
漆工	4 单位	2 单位	1.5 单位	20 单位
木工	2 单位	1.5 单位	0.5 单位	8 单位
成品单价	60 单位	30 单位	20 单位	

若要求桌子的生产量不超过 5 件，如何安排三种产品的生产可使利润最大？

(2)一奶制品加工厂用牛奶生产 A_1，A_2 两种奶制品，1 桶牛奶可以在甲车间用 12h 加工成 3kgA_1，或者在乙车间用 8h 加工成 4kgA_2. 根据市场需求，生产的 A_1，A_2 全部能售出，且每公斤 A_1 获利 24 元，每公斤 A_2 获利 16 元. 现在加工厂每天能得到 50 桶牛奶的供应，每天正式工人总的劳动时间为 480h，并且甲车间每天至多能加工 100kgA_1，乙车间的加工能力没有限制. 试为该厂制订一个生产计划，使每天获利最大？

(3)四项工作指派给五个员工(每项工作只能由一人单独完成)，每人完成各项工作耗时如表 17.6 所示,如何指派才能使得完成四项工作总耗时最少?

指派工作数据表　　表 17.6

	工作 1	工作 2	工作 3	工作 4
员工 1	22	18	30	18
员工 2	18	—	27	22
员工 3	26	20	28	28
员工 4	16	22	—	14
员工 5	21	—	25	28

注:横线表示该员工不宜完成该项工作.

第八单元　数学建模竞赛论文精选与点评

本单元精选了近年福建船政交通职业学院参加福建省职业院校技能大赛(高职组)数学建模竞赛、全国大学生数学建模竞赛获得一、二等奖的三篇论文全文并加以点评. 每篇论文前给出竞赛题目,编者的综合点评列于论文后面. 其中,第三篇论文因竞赛原题的数据量较大,限于篇幅,本书作了节略,读者可到全国大学生数学建模竞赛组委会网站往年试题中下载;该论文附有的计算结果等数据,也因篇幅原因作了节略. 同时,对三篇论文中局部文字、符号进行了必要的订正,增加必要的表名、图名. 获奖论文未必尽善尽美,为了保持文章原貌,以便让读者更好地了解作者的思路和方法,编者未对论文进行其他改动. 在此,对所选论文的作者及其指导老师,致以衷心的感谢!

实例 1　房 价 调 控

(2013 年福建省职业院校技能大赛(高职组)数学建模 A 题)

近十年来,我国房地产市场发展迅猛,由于受供需矛盾、投资渠道狭窄、通货膨胀导致货币贬值等因素的影响,不少城镇居民将房产作为用来保值增值的投资工具,导致房屋销售价格过快上涨. 尤其是在 2009 年,房价以惊人的速度飚升,给人民群众正常生活造成严重影响. 为此,国务院从 2010 年初开始到 2010 年中期,相继出台了一系列针对房地产的调控政策,以抑制房价的飞涨,俗称"国十条". 从 2012 年 6 月开始,房价再次出现强劲涨势,迫使国务院于 2013 年 4 月起在原有限购政策的基础上再次加码,推出更为严厉的调控措施,俗称"国五条".

北京市近年来的房价变化情况是全国各大中城市的一个缩影. 例表 1.1 ~ 例表 1.5 列出北京市近年来新建商品住宅平均销售价格的部分数据.

北京市 2009 年新建商品住宅平均售价(单位:元/m^2)　　例表 1.1

1 月	1 ~ 2 月	1 ~ 3 月	1 ~ 4 月	1 ~ 5 月	1 ~ 6 月	1 ~ 7 月	1 ~ 8 月
14 020	14 226	15 124	15 593	16 510	16 967	17 478	18 113
1 ~ 9 月	1 ~ 10 月	1 ~ 11 月	1 ~ 12 月				
19 109	19 750	20 515	21 305				

北京市 2010 年新建商品住宅平均销售价格指数(环比上月)　　例表 1.2

1 月	2 月	3 月	4 月	5 月	6 月	7 月	8 月	9 月	10 月	11 月	12 月
102.0	101.9	102.0	102.6	100.9	100.0	100.3	100.0	100.1	100.0	100.0	100.2

北京市 2011 年新建商品住宅平均销售价格指数(环比上月)　　例表 1.3

1 月	2 月	3 月	4 月	5 月	6 月	7 月	8 月	9 月	10 月	11 月	12 月
100.0	99.9	99.8	99.8	99.9	100.0	99.9	99.7	99.8	99.8	99.9	99.9

北京市 2012 年新建商品住宅平均销售价格指数(环比上月)　　例表 1.4

1 月	2 月	3 月	4 月	5 月	6 月	7 月	8 月	9 月	10 月	11 月	12 月
99.9	99.9	99.6	99.9	100.0	100.3	100.3	100.1	100.1	100.2	100.6	100.8

北京市 2013 年新建商品住宅平均销售价格指数(环比上月)　　例表 1.5

1 月	2 月	3 月									
101.6	102.4	102.7									

请你们利用上述数据,通过建立数学模型,回答如下问题:

问题 1:测算出北京市从 2009 年 2 月至 2013 年 3 月期间每个月新建商品住宅的平均售价.

问题 2:以北京市新建商品住宅的平均售价为例,请合理的按照房价分阶段变化拟合曲线?

问题 3:如果当前不推出更为严厉的调控措施,预测北京市新建商品住宅平均售价在 2013 年底将达到什么样的水平?

[获奖论文]

参赛单位:福建船政交通职业学院

参赛学生:陈允升　陈富强　陈光伟

指导教师:黄柳玲

获奖情况:2013 年福建省职业院校技能大赛(高职组)数学建模一等奖

房 价 调 控

摘要:

本文通过对 2009 年 1 月至 2013 年 3 月的房价走势规律的分析,并针对题目的三个问题分别建立符合实际的数学模型,同时利用分析法、比较法、曲线拟合法、灰色预测法等相应的数学方法,并通过 Matlab 等数学软件,编写相应的程序对建立的模型进行求解,预测出了 2013 年底房价将达到的水平.

对于问题 1,我们首先根据表 1 的数据,列出了计算 2009 年北京市房价的通式,即 $a_n = nb_n - (n-1)b_{(n-1)}(n=2,3,4,\cdots,12)$,从而计算出 2009 年每月平均房价. 其次通过对表 2 数据的分析,推导出 2010 年 1 月至 2013 年 3 月份北京市月平均房价的一个计算公式为 $a_n = 0.01a_{(n-1)}k_n$ $(n=13,14,15,16,\cdots,51)$,从而计算出 2010 年 1 月至 2013 年 3 月份的月平均房价.

对于问题 2,根据问题 1 所求得的数据,用 Matlab 做出散点图,并根据"国十条"之前及之后房价的数据分别进行最小二乘曲线拟合. 通过对比拟合曲线函数,并结合函数的增长率,以及对"国十条"措施出台后价格变化等多方面数据的分析,利用 Matlb 软件对得出的数据用图形表示,形象地说明了"国十条"的措施对抑制房价上涨起到重要的作用. 若不采取"国十条"

措施,2010 年 12 月北京的商品住宅平均销售价将增长到 46 915 元/m²,而 2011 年 12 月将增长到 64 471 元/m².

对于问题 3,本文采用最小二乘法的多元线性回归和灰色预测两种预测方法. 第一种,用 2012 年 5 月到 2013 年 2 月份的数据进行最小二乘法曲线回归,得出房价变化的函数方程为 $y_3 = 59x^2 - 358x + 32\,967$,从而推出 2013 年年底的房价为 47 464 元. 第二种,采用灰色预测的方法预测房价. 由于预测的数据与实际数据距离较远,模型对数据进行传统灰色预测后,又对其进行优化,采用循环灰色预测,使得预测数据的精确性更高,用灰色模型预测出来的北京市 2013 年底的房价为 41 490 元/m².

关键词: 调控政策　灰色系统模型　曲线拟合　房价预测

1. 背景及其问题重述

1.1　背景

房价调控的主要目的在于抑制房价过快上涨,稳定市场房价. 公众在对房市走势和房价预期观望的同时,也对政府的调控行为和调控效果予以观望. 2010 年中国房地产政策已由此前的支持转向抑制投机,遏制房价过快上涨,并且先后采取了土地、金融、税收等多种调控手段.

2010 年 4 月 18 日,国务院发布通知指出,商品住房价格过高、上涨过快、供应紧张的地区,商业银行可根据风险状况,暂停发放购买第三套及以上住房贷款,对不能提供一年以上当地纳税证明或社会保险缴纳证明的非本地居民暂停发放购买住房贷款.

4 月 17 日,国务院发出《关于坚决遏制部分城市房价过快上涨的通知》,提出十条举措,被称为房地产"新国十条". 4 月 15 日,国土资源部公布 2010 年住房供地计划,全年拟计划供应住房用地总量同比增长逾 130%,其中中小套型商品房将占四成多,超过上一年全国实际住房用地总量.

1.2　问题重述

近十年来,我国房地产市场发展迅猛,由于受供需矛盾、投资渠道狭窄、通货膨胀导致货币贬值等因素的影响,不少城镇居民将房产作为用来保值增值的投资工具,导致房屋销售价格过快上涨. 尤其是在 2009 年,房价以惊人的速度飚升,给人民群众正常生活造成严重影响. 为此,国务院从 2010 年初开始到 2010 年中期,相继出台了一系列针对房地产的调控政策,以抑制房价的飞涨,俗称"国十条". 从 2012 年 6 月开始,房价再次出现强劲涨势,迫使国务院于 2013 年 4 月起在原有限购政策的基础上再次加码,推出更为严厉的调控措施,俗称"国五条".

北京市近年来的房价变化情况是全国各大中城市的一个缩影. 表 1 ~ 表 5 列出北京市近年来新建商品住宅平均销售价格的部分数据.

北京市 2009 年新建商品住宅平均售价(单位:元/m²)　　表 1

1 月	1 ~ 2 月	1 ~ 3 月	1 ~ 4 月	1 ~ 5 月	1 ~ 6 月	1 ~ 7 月	1 ~ 8 月
14 020	14 226	15 124	15 593	16 510	16 967	17 478	18 113
1 ~ 9 月	1 ~ 10 月	1 ~ 11 月	1 ~ 12 月				
19 109	19 750	20 515	21 305				

北京市 2010 年新建商品住宅平均销售价格指数(环比上月)　　表 2

1月	2月	3月	4月	5月	6月	7月	8月	9月	10月	11月	12月
102.0	101.9	102.0	102.6	100.9	100.0	100.3	100.0	100.1	100.0	100.0	100.2

北京市 2011 年新建商品住宅平均销售价格指数(环比上月)　　表 3

1月	2月	3月	4月	5月	6月	7月	8月	9月	10月	11月	12月
100.0	99.9	99.8	99.8	99.9	100.0	99.9	99.7	99.8	99.8	99.9	99.9

北京市 2012 年新建商品住宅平均销售价格指数(环比上月)　　表 4

1月	2月	3月	4月	5月	6月	7月	8月	9月	10月	11月	12月
99.9	99.9	99.6	99.9	100.0	100.3	100.3	100.1	100.1	100.2	100.6	100.8

北京市 2013 年新建商品住宅平均销售价格指数(环比上月)　　表 5

1月	2月	3月									
101.6	102.4	102.7									

请你们利用上述数据,通过建立数学模型,回答如下问题:

问题 1:测算出北京市从 2009 年 2 月至 2013 年 3 月期间每个月新建商品住宅的平均售价.

问题 2:以北京市新建商品住宅的平均售价为例,说明“国十条”对抑制房价上涨起到什么样的作用?

问题 3:如果当前不推出更为严厉的调控措施,预测北京市新建商品住宅平均售价在 2013 年底将达到什么样的水平?

2. 问题分析

对于问题 1,我们首先根据题中表 1 的数据,推导出 2009 年北京市月平均房价计算公式为 $a_n = nb_n - (n-1)b_{(n-1)}(n=2,3,4,\cdots,12)$ 从而计算出 2009 年每月平均房价. 其次通过对题中表 2 数据的分析,推导出 2010 年 1 月至 2013 年 3 月份北京市月平均房价的一个计算公式为 $a_n = 0.01a_{(n-1)}k_n(n=13,14,15,\cdots,51)$,从而计算出 2010 年 1 月至 2013 年 3 月份的月平均房价.

对于问题 2,根据问题一所求得的数据,用 Matlab 做出散点图,并根据“国十条”之前及之后房价的数据分别进行最小二乘曲线拟合. 通过对比拟合曲线函数,并结合函数的增长率,以及对“国十条”措施出台后价格变化等多方面数据的分析,利用 Matlab 软件对得出的数据用图形表示,形象地说明了“国十条”的措施对抑制房价上涨起到重要的作用. 若不采取“国十条”,2010 年 12 月北京的商品住宅平均销售价将增长到 46 915 元/m^2,而 2011 年 12 月将增长到 64 471 元/m^2.

对于问题 3,本文采用最小二乘法的多元线性回归和灰色预测两种预测方法. 第一种,用 2012 年 5 月到 2013 年 2 月份的数据进行最小二乘法曲线回归,得出房价变化的函数方程为 $y_3 = 59x^2 - 358x + 32\,967$,从而推出 2013 年年底的房价为 47 464 元/m^2. 第二种,采用灰色预测的方法预测房价. 由于预测的数据与实际数据距离较远,模型对数据进行传统灰色预测后,又对其进行优化,采用循环灰色预测,使得预测数据的精确性更高.

3. 问题假设

(1)由于社会稳定情况对房价有很大影响，故需对社会稳定情况进行特别说明，假设社会处于长期稳定状态.

(2)忽略各种炒房行为对住房价格的影响.

(3)不考虑市场供需对房价的影响.

4. 符号说明

符号说明见表6.

符 号 说 明　　表6

变　量	符 号 意 思
a_n	第 n 个月的售价
b_n	第1个月到第 n 个月的平均售价
k_n	住宅平均销售价格指数(环比上月)
y_1	2009年的平均售价
y_2	2010年月份平均售价
y_3	2011年1月到2012年5月平均售价
y_4	2012年6月到2013年3月平均售价
v_1	2009年的平均售价的增长速率
v_2	2010年月份平均售价的增长速率
v_3	2011年1月到2012年5月平均售价的增长速率
v_4	2012年6月到2013年3月平均售价的增长速率
$x^{(0)}(k)$	原始住宅平均销售价
$x^{(0)}(k)$	一次累加住宅平均销售价
α	称为发展系数
u	称为灰色作用量

5. 问题建立与求解

5.1　模型一

计算商品住宅售价.

5.1.1　计算2009年商品住宅售价

由表1数据，推出它每个月的商品住宅售价公式：

$$
\begin{aligned}
&a_1 = b_1 \\
&2b_2 = a_1 + a_2 \Rightarrow a_2 = 2b_2 - a_1 = 2b_2 - b_1 \\
&3b_3 = 2b_2 + a_3 \Rightarrow a_3 = 3b_3 - 2b_2 \\
&\vdots \qquad\qquad \vdots \\
&nb_n = (n-1)b_{n-1} + a_n \\
&a_n = nb_n - (n-1)b_{n-1} \qquad (n=2,3,4,\cdots 12)
\end{aligned}
\tag{1}
$$

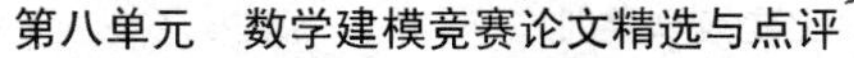

式(1-1)为每个月的商品住宅售价的通项公式.用表1数据代入该式,得出每个月的具体售价数据,见表7.

北京市2009年新建商品住宅售价(单位:元/m²)　　表7

1月	2月	3月	4月	5月	6月
14 020	14 432	16 920	17 000	20 178	19 306
7月	8月	9月	10月	11月	12月
20 544	22 558	27 077	25 519	28 165	29 995

5.1.2　计算2010年1月份至2013年3月份商品住宅售价

由表2、表3、表4、表5数据,推出它每个月的商品住宅售价公式:

$$
\begin{aligned}
a_{13} &= a_{12} \times k_{13} \times 0.01 \\
a_{14} &= a_{13} \times k_{14} \times 0.01 \\
a_{15} &= a_{14} \times k_{15} \times 0.01 \\
&\vdots \\
a_n &= a_{(n-1)} \times k_n \times 0.01 \qquad n = (13, 14, 15, \cdots, 51)
\end{aligned} \tag{2}
$$

式(2)为每个月的商品住宅售价的通项公式.

用表2、表3、表4、表5的数据代入该式,得出每个月的具体售价数据,见表8~表11.

北京市2010年新建商品住宅售价(单位:元/m²)　　表8

1月	2月	3月	4月	5月	6月
30 595	31 176	31 800	32 627	32 921	32 921
7月	8月	9月	10月	11月	12月
33 020	33 020	33 053	33 053	33 053	33 119

北京市2011年新建商品住宅售价(单位:元/m²)　　表9

1月	2月	3月	4月	5月	6月
33 119	33 086	33 020	32 954	32 921	32 921
7月	8月	9月	10月	11月	12月
32 889	32 789	32 723	32 658	32 625	32 592

北京市2012年新建商品住宅售价(单位:元/m²)　　表10

1月	2月	3月	4月	5月	6月
32 559	32 526	32 396	32 364	32 364	32 461
7月	8月	9月	10月	11月	12月
32 558	32 591	32 624	32 689	32 885	33 148

北京市2013新建商品住宅售价(单位:元/m²)　　表11

1月	2月	3月	4月	5月	6月
33 679	34 487	35 418			
7月	8月	9月	10月	11月	12月

综合上述,北京市从2009年2月至2013年3月期间每个月新建商品住宅的平均售价如表1～表11所示.

5.2 模型二

针对问题二说明"国十条"对抑制房价上涨起到什么样的作用？根据模型一得2009年和2010年的数据,我们用函数拟合的方法拟合出了2009年的月份和平均售价关系见式(3),拟合图见图1,拟合程序详见附件1.

$$y_1 = 1\,463x + 11\,803 \tag{3}$$

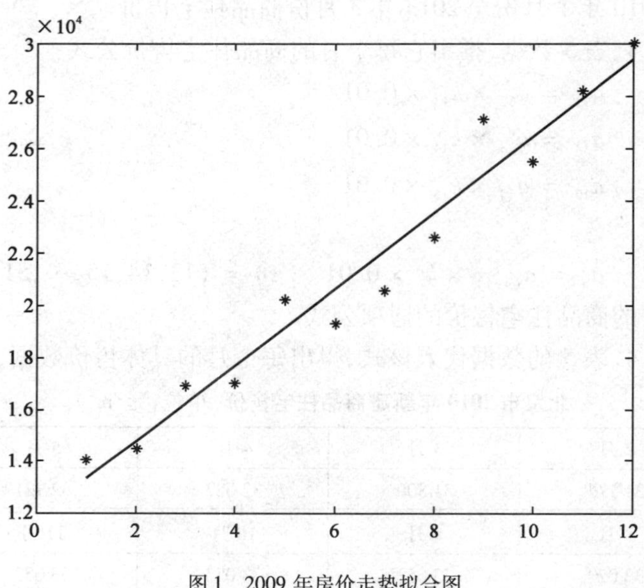

图1 2009年房价走势拟合图

残差图见图2,程序详见附件2.

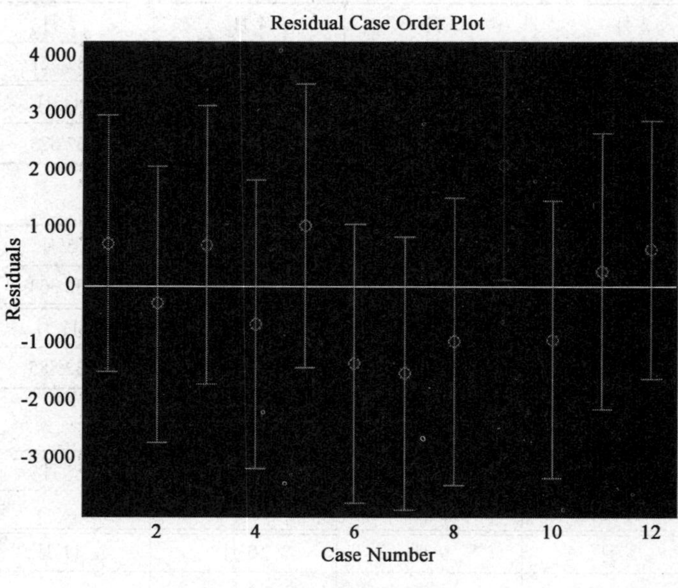

图2 2009年房价残差图

由于 $R^2=1.0$,所以方程拟合效果好.

我们假设平均售价的增长速率 $v\frac{dy}{dx}$,可推出下式:

$$v_1=1\ 463$$

2010 年月份和平均售价关系见式(4),拟合图见图 3,拟合程序详见附件 3.

$$y_2=-40x^2+721x+30\ 031 \tag{4}$$

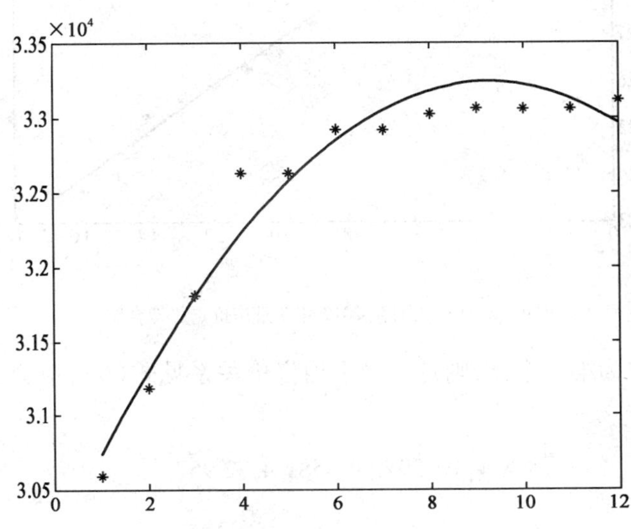

图 3　2010 年房价走势拟合图

平均售价的增长速率:

$$v_2=-80x+721$$

2011 年 1 月到 2012 年 5 月月份和平均售价关系式见式(5),拟合图见图 4,程序详见附件 4.

$$y_2=-49x+33\ 178 \tag{5}$$

平均售价的增长速率:

$$v_3=-49$$

图 4 说明 2012 年 6 月开始房价增长放缓,同时对比 v_1、v_2、v_3 说明“国十条”对抑制房价上涨起到使增长速率降低的作用. 如果没有国十条,按照 2009 年房价的增长速度,2010 年 12 月北京的商品住宅平均销售价将增长到 46 915 元/m^2,而 2011 年 12 月将增长到 64 471 元/m^2.

5.3　模型三

根据模型一得 2012 年 6 月到 2013 年 3 月的数据分析拟合结果见表 12.

拟 合 结 果　　　　表 12

2012 年 6 月	2012 年 7 月	2012 年 8 月	2012 年 9 月	2012 年 10 月	2012 年 11 月	2012 年 12 月
32 461	32 558	32 591	32 624	32 689	32 885	33 148
2013 年 1 月	2013 年 2 月	2013 年 3 月				
33 678	34 486	35 417				

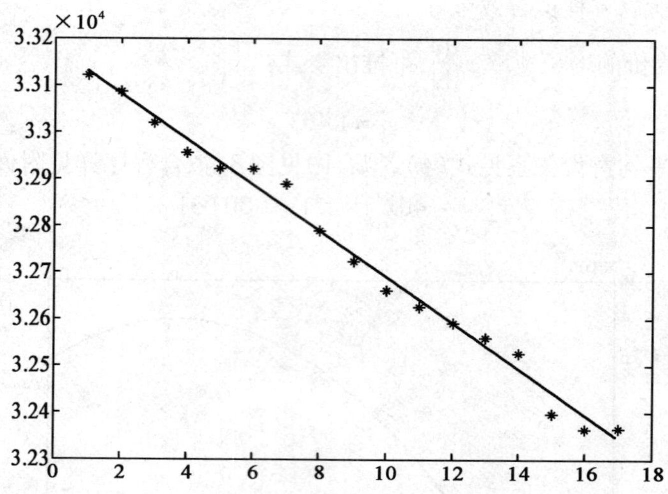

图 4　2011 年 1 月到 2012 年 5 月房价走势拟合图

假设 2012 年 6 月为第一个月,则月份和平均售价关系见式(6),拟合图见图 5,程序详见附件 5.

$$y_4 = 59x^2 - 358x + 32\,967 \tag{6}$$

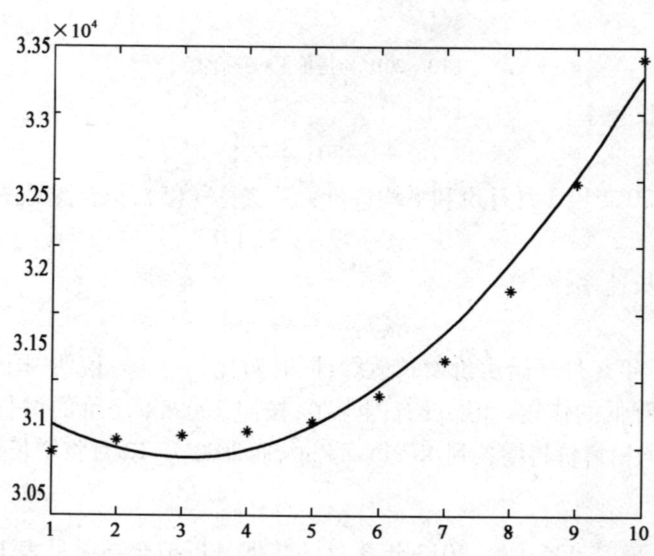

图 5　2012 年 6 月到 2013 年 3 月房价走势拟合图

残差图见图 6,程序详见附件 6.

$R^2 = 1.0$,所以多项式回归方程拟合效果好.

由函数 $y_4 = 59x^2 - 358x + 32\,967$ 可预测 2013 年 12 月平均售价,即 $x = 19$ 时,y_3 的值,由于 $y_4(19) = 47\,464$,预测 2013 年年底房价将增长到 47 464 元.

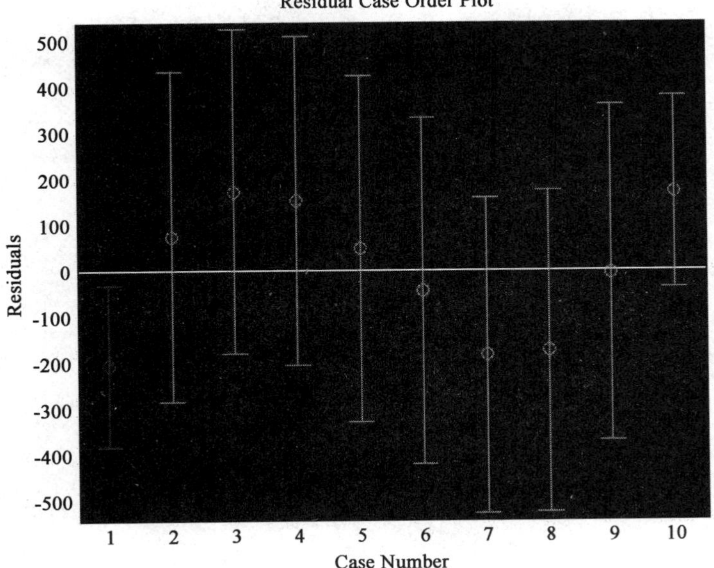

图6　2012年6月到2013年3月房价残差图

5.4　模型四

近年来对灰色预测、决策与灰关联系统等应用于决策模式的研究受到广泛的注意. 由于影响商品房价格的因素很多,它们之间的关系错综复杂,难以阐述清楚,但本题我们可以得到商品房平均销售价格的历史数据,这些历史数据实际上是过去各种确定的和不确定的信息的综合反映,因此商品房房价完全可以用历史数据作为灰色信息的反映来进行分析、研究确定其变动规律,从而确定出其未来的趋势. 下面探讨了利用 GM(1,1)灰色预测模型对商品房价格进行预测,取得了较好的预测效果.

5.4.1　灰色预测原理

灰色系统分析首先必须对系统信息作累加生成. 累加生成所建立的生成函数则是系统建模与预测的基础. 灰系统理论认为所有系统皆属广义能量系统,且符合指数运算律,则生成函数便可用下列方程式来替代:

$$X^{(0)}(k) - aZ^{(1)}(k) = b$$

$$Z^{(1)}(K) = \frac{1}{2}(X^{(1)}(k) + X^{(1)}(k+1))$$

$$X^{(1)}(k) = \sum_{m=1}^{k} X^{(0)}(m)$$

上式称为一次累加生成.

时间序列$(x^{(0)} = (x^{(0)}(1), x^{(0)}(2), \cdots, x^{(0)}(n)), x^{(1)} = (x^{(1)}, x^{(1)}(2), \cdots, x^{(1)}(n))$为$x^{(0)}$为的一次累加生成,则称:

$$\frac{dx^{(1)}}{dt} + ax^{(1)} = u \tag{7}$$

为 GM(1,1)模型,即灰色微分方程模型.

式(7)中,α称为发展系数;u称为灰色作用量. 先引进下述记号:

$$\hat{U}=\begin{bmatrix}\hat{a}\\ \hat{u}\end{bmatrix}\quad y_N=(x^{(0)}(2),x^{(0)}(3),\cdots,x^{(0)}(n))^T$$

$$B=\begin{bmatrix}-\frac{1}{2}(x^{(1)}(1)+x^{(1)}(2)) & 1\\ -\frac{1}{2}(x^{(1)}(2)+x^{(1)}(3)) & 1\\ \vdots & \vdots\\ -\frac{1}{2}(x^{(1)}(n-1)+x^{(1)}(n)) & 1\end{bmatrix}$$

可利用最小二乘法求解,则有:

$$\hat{U}=(B^TB)^{-1}B^Ty_N \tag{8}$$

从而可求出(7)式中的参数 a 与 u,(7)式的预报模型为:

$$\hat{X}^{(x)}(k+1)=\left[X^{(0)}(1)-\frac{\mu}{a}\right]e^{-ak}+\frac{\mu}{a},k=0,1,2\cdots,n \tag{9}$$

$$\hat{x}^{(0)}(k+1)=\hat{x}^{(1)}(k+1)-\hat{x}^{(1)}(k) \tag{10}$$

式(8)与(9)可用于预测未来值和检验模型精度.

5.4.2　灰色模型建立

5.4.2.1　灰色 GM(1,1)模型

对灰色预测原始数据的选择,由于灰色预测最好是选择预测前近 5 ~ 8 个数据,来对下一个数据进行预测,故本模型选择下面时间的原始数据(表 13)对下一个月的房价进行预测.

一次累加数据　　表 13

时　间	2012 年 9 月	2012 年 10 月	2012 年 11 月	2012 年 12 月	2013 年 1 月	2013 年 2 月	2013 年 3 月
$x^{(0)}k$	32 624	32 689	32 885	33 148	33 678	34 486	35 417
$x^{(1)}k$	32 624	65 313	98 198	131 346	165 024	199 510	234 927

$$B=\begin{bmatrix}-\frac{1}{2}(x^{(1)}(1)+x^{(1)}(2)) & 1\\ -\frac{1}{2}(x^{(1)}(2)+x^{(1)}(3)) & 1\\ \vdots & \vdots\\ -\frac{1}{2}(x^{(1)}(n-1)+x^{(1)}(n)) & 1\end{bmatrix}=\begin{bmatrix}-48\,968.5 & 1\\ -81\,755.5 & 1\\ -114\,772.0 & 1\\ -148\,185.0 & 1\\ -182\,267.0 & 1\\ -217\,218.5 & 1\end{bmatrix}$$

$$y_N=(32\,689,32\,885,33\,148,33\,678,34\,486,35\,417)^T$$

$$\hat{U}=(B^TB)^{-1}B^Ty_N=\begin{bmatrix}-0.016\,2\\ 31\,578\end{bmatrix}$$

所以 $\hat{a}=-0.016\,2,\hat{u}=31\,578$.

把上面的值带入时间响应方程得:

$$\hat{X}^{(1)}(k+1)=\left[32\,624-\frac{31\,578}{-0.016\,2}\right]e^{0.016\,2k}+\frac{31\,578}{-0.016\,2},k=0,1,2\cdots,n \tag{11}$$

计算拟合值 $x^{(1)}(k)$，再还原计算得还原计算值 $x^{(0)}(k)$，预测结果见表 14.

$$x^{(0)}(7)=\hat{X}^{(1)}(7)-\hat{X}^{(1)}(6)=35\,100 \tag{12}$$

$$x^{(0)}(15)=\hat{X}^{(1)}(15)-\hat{X}^{(1)}(14)=39\,920 \tag{13}$$

灰色 GM(1,1) 模型的预测结果　　表 14

时　间	2013 年 4 月	2013 年 5 月	2013 年 6 月	2013 年 7 月	2013 年 8 月	2013 年 9 月	2013 年 10 月	2013 年 11 月	2013 年 12 月
$x^{(0)}(k)$	35 100	35 670	36 250	36 850	37 450	38 060	38 680	39 310	39 920

用灰色预测下一个月的数据，精准度较高. 离实际数据越远的预测，效果有所下降.

5.4.2.2　循环 GM(1,1) 模型

为了提高模型的精度，本模型优化采用循环 GM(1,1) 模型，即数据的选择上，把新预测的一个数据加入，把的第一个数据抛弃，重新做灰色预测. 此预测模型采用 Matlab 程序（详见附件 4）.

第一次预测：选 2012 年 9 月 ~2013 年 3 月之间数据，预测下一个月；

第二次预测：选 2012 年 10 月 ~2013 年 4 月之间数据，预测下一个月；

第三次预测：选 2012 年 11 月 ~2013 年 5 月之间数据，预测下一个月；

第四次预测：选 2012 年 12 月 ~2013 年 6 月之间数据，预测下一个月；

第五次预测：选 2013 年 1 月 ~2013 年 7 月之间数据，预测下一个月；

第六次预测：选 2013 年 2 月 ~2013 年 8 月之间数据，预测下一个月；

第七次预测：选 2012 年 3 月 ~2013 年 9 月之间数据，预测下一个月；

第八次预测：选 2012 年 4 月 ~2013 年 10 月之间数据，预测下一个月；

第九次预测：选 2012 年 5 月 ~2013 年 11 月之间数据，预测下一个月.

最后预测结果见式(14)和表 15.

$$\begin{aligned} x^{(1)}(15) &= 537\,130 \\ x^{(0)}(15) &= 41\,490 \end{aligned} \tag{14}$$

循环 GM(1,1) 模型的预测结果　　表 15

时间	2013 年 4 月	2013 年 5 月	2013 年 6 月	2013 年 7 月	2013 年 8 月	2013 年 9 月	2013 年 10 月	2013 年 11 月	2013 年 12 月
$x^{(0)}(k)$	35 667	36 420	37 184	37 890	38 542	39 217	40 028	40 753	41 490

式(13)与式(14)结果对比，可见循环 GM(1,1) 模型，取得效果更好. 灰色预测程序详见附件 7.

6. 模型的优缺点

此模型具有以下优点：

(1) 所有的分析都是建立在所得数据的基础上的，预测结果有理有据.

(2) 考虑到房价预测模型的特殊性，选择建立更能反映房价变化规律的灰色系统模型，而不是传统的统计模型，分析更有据，预测更精确.

(3) 选择最近的数据建立灰色系统预测模型，更能反映房价变化情况.

此模型具有的缺点：

没有考虑到地区间的经济差异,具有一定的局限性.

参考文献

[1] 陈光亭,邱泽勇.数学建模[M].北京:高等教育出版社,2012.
[2] 徐金明.MATLAB应用基础[M].北京:清华大学出版社,北京交通大学出版社,2012.
[3] 姜启源,谢金星,叶俊.数学模型[M].北京:高等教育出版社,2011.
[4] 谢科范.评灰色系统理论[J].系统工程,1991(04).
[5] 顾基发,许国志.灰色系统理论及其应用[M].2版.北京:科学出版社,1999.
[6] 邓聚龙.灰色系统理论与应用进展的若干问题[M].武汉:华中理工大学出版社,1996.
[7] 刘思峰,徐忠祥.灰色系统研究新进展[M].武汉:华中理工大学出版社,1996.

附件 《房价调控》相关程序

附件1

```
>a=[1 2 3 4 5 6 7 8 9 10 11 12];
≫b=[14020 14432 16920 17000 20178 19306 20544 22558 27077 25519 28165 29995];
≫polyfit(a,b,1)

ans =

  1.0e+004 *

    0.1463     1.1803

≫y1=1463*a+11803;
≫plot(a,b,'*',a,y1)
≫
```

附件2

```
≫x=[1 2 3 4 5 6 7 8 9 10 11 12]';X=[ones(12,1) x];Y=[14020 14432 16920 17000 20178
19306 20544 22558 27007 25519 28165 29995]';[b,bint,r,rint,stats]=regress(Y,X)

b =

  1.0e+004 *

    1.1805
    0.1461
```

```
bint =

  1.0e+004  *

     1.0243     1.3367
     0.1249     0.1674

r =

  1.0e+003 *

     0.7534
    -0.2959
     0.7308
    -0.6504
     1.0663
    -1.2670
    -1.4903
    -0.9376
     2.0501
    -0.8992
     0.2855
     0.6543

rint =

  1.0e+003  *

    -1.4224     2.9292
    -2.6410     2.0492
    -1.6469     3.1085
    -3.1030     1.8021
    -1.3465     3.4790
    -3.6468     1.1127
    -3.7976     0.8170
    -3.3797     1.5045
     0.0677     4.0325
    -3.2448     1.4465
```

```
    -2.0602        2.6313
    -1.5391        2.8477

stats =

    0.9592    235.3271    0.0000

>> rcoplot(r,rint)
```

附件 3

```
x=[1 2 3 4 5 6 7 8 9 10 11 12];
>> y =[30595  31176  31800  32627  32921  32921  33020  33020  33053  33053  33053
   33119];
>> polyfit(x,y,2)

ans =

   1.0e+004 *

    -0.0040      0.0721      3.0031
>> yy = -40*x.^2 -721*x +30031;
```

附件 4

```
i=[1 2 3 4 5 6 7 8 9 10 11 12 13 14 15 16 17];
>> j=[33119 33086 33020 32954 32921 32921 32888 32789 32723 32658 32625 32592 32559
32526 32396 32364 32364];
>> polyfit(i,j,1)

ans =

  1.0e+004 *

   -0.0049      3.3178
```

附件 5

```
x=[1 2 3 4 5 6 7 8 9 10];
>> y=[32461 32558 32591 32624 32689 32885 33148 33678 34486 35417];
>> polyfit(x,y,2)
```

```
ans =

  1.0e +004 *

    0.0059    -0.0358      3.2967
```

附件6

```
x = [1 2 3 4 5 6 7 8 9 10]';X = [ones(10,1) x];Y = [32461 32558 32591 32624 32689 32885 33148 33678 34486 35417]';[b,bint,r,rint,stats] = regress(Y,X)

b =

  1.0e +004 *

    3.1677
    0.0287

bint =

  1.0e +004 *

    3.0887     3.2467
    0.0159     0.0414

r =

   497.3818
   307.6970
    54.0121
  -199.6727
  -421.3576
  -512.0424
  -535.7273
  -292.4121
   228.9030
   873.2182
```

```
rint =

   1.0e+003  *

    -0.4040    1.3988
    -0.7300    1.3454
    -1.0674    1.1754
    -1.3414    0.9421
    -1.5332    0.6904
    -1.5945    0.5705
    -1.5921    0.5206
    -1.3855    0.8007
    -0.8241    1.2819
     0.2242    1.5222

stats =

    0.7712    26.9604    0.0008

>> rcoplot(r,rint)
```

附件 7

```
format long;
x = [36420 37184 37890 38542 39217 40028 40753];
if length(x(:,1)) = =1
    x = x';
end
n = length(x);
z = 0;
for i = 1:n
    z = z + x(i,:);
    be(i,:) = z;
end
for i = 2:n
    y(i-1,:) = x(i,:);
end
for i = 1:n-1
```

```
    c(i,:) = -0.5 * (be(i,:) + be(i+1,:));
end
for j = 1:n-1
    e(j,:) = 1;
end
for i = 1:n-1
    B(i,1) = c(i,:);
    B(i,2) = e(i,:);
end
alpha = inv(B' * B) * B' * y;
for i = 1: n+1
ago(i,:) = (x(1,:) - alpha(2,:)/alpha(1,:)) * exp( - alpha(1,:) * (i-1)) + alpha(2,:)/
alpha(1,:);
end
var(1,:) = ago(1,:)
for i = 1: n
var (i+1,:) = ago(i+1,:) - ago(i,:);
  end
```

[论文点评]

本文的整体结构安排符合获奖论文的要求,使评卷老师能从总体上把握:作者想做什么?采用什么方法?得到了怎样的结果?评卷专家能清晰地读懂参赛者的真实意图,这是一篇优秀论文应有的一个重要特征.

作者根据所给的数据,利用分析法、比较法、曲线拟合法、灰色预测法等相应的数学方法,通过 Matlab 等数学软件,编写相应的程序对建立的模型进行求解,从而预测出房价水平.从简单的情况入手,根据实际情况选择合适的方法,这是对数学建模初学者的重要要求之一.

在房价预测问题方面,作者采用最小二乘法曲线拟合和灰色预测两种方法.通过对比拟合曲线函数,并结合函数的增长率等多方面数据的分析,利用 Matlab 软件对得出的数据用图形表示.由于预测的数据与实际数据距离较远,模型对数据进行传统灰色预测后,又对其进行优化,采用循环灰色预测,使得预测数据的精确性更高.

实例 2　班车的合理安排

(2014 年福建省职业院校技能大赛(高职组)数学建模 B 题)

某高校地处市郊,共设立了 3 条不同方向的接送线路,每天用班车接送居住在市区沿途线路的教职工.这 3 条线路从市区到学校的平均运行时间依次分别需要 45min、70min 和 50min.目前学校有 3 辆班车,分别是 55 座、45 座和 33 座,根据经验和当前油价,这 3 辆班车的油耗大约分别是 5 元/min、4 元/min 和 3 元/min.

本学期学校拟定的每日班车发车时刻及相应的班次编号见例表 2.1,其中上行表示从市区到学校,下行表示从学校到市区.

每日班车发车时刻及班次编号　　例表 2.1

线路	方向	发车时刻	班次编号	发车时刻	班次编号	发车时刻	班次编号
1	上行	07:00	1	09:00	4	13:00	9
	下行	10:00	5	12:00	6	17:00	10
2	上行	07:00	2	13:00	8		
	下行	12:00	7	17:00	11		
3	上行	07:00	3				
	下行	17:00	12				

由于周一至周五每日的课程安排不同,因此每日乘坐同一班次的人数也是不同的. 据统计,每日乘坐各班次的教职工人数范围见例表 2.2.

每日乘坐各班次的人数统计表　　例表 2.2

线路	方向	发车时刻	人数范围	发车时刻	人数范围	发车时刻	人数范围
1	上行	07:00	30 ~ 52	09:00	15 ~ 25	13:00	32 ~ 45
	下行	10:00	12 ~ 23	12:00	27 ~ 45	17:00	45 ~ 50
2	上行	07:00	21 ~ 28	13:00	35 ~ 38		
	下行	12:00	22 ~ 30	17:00	22 ~ 26		
3	上行	07:00	41 ~ 42				
	下行	17:00	38 ~ 42				

请你们通过建立数学模型,编制出一个每日班车的合理安排表,说明每个班次用哪一辆班车,使得在满足需要的情况下,尽量节省每日的油耗成本. 要求做到符合下面条件:

(1)对各条线路而言,每日早晨 07:00 从市区用哪一辆班车到学校,下午 17:00 就用这辆班车回到市区.

(2)如果从学校沿某线路到达终点站时,距离终点站返回学校的下一班车发车时刻尚早,则空车返回学校;同样在迫不得已时,也采取从学校空车到某线路的终点站,再沿途接人到学校.

(3)每班次的车都应当保证有充足的座位(保证每位乘车的教师有座,不能站着).

注意:为简化模型,可在对表中数据分析的基础上,适当减少决策变量的个数.

[获奖论文]

参赛单位:福建船政交通职业学院

参赛学生:陈富强　薛命辉　陈剑宇

指导教师:黄惠玲

获奖情况:2014 年福建省职业院校技能大赛(高职组)数学建模一等奖

班车的合理安排

摘要：

本文提出一个如何合理调配班车，使每天班车油耗费用最低的方案. 我们利用排除法、分析法、枚举法、0－1 规划等相应的数学方法，建立了 0－1 整数规划模型，并通过 LINGO 等数学软件对建立的模型进行求解，最后得出一个合理的班车调配表.

在模型一中，首先对题中所给的数据进行分析，用枚举法列出 3 辆班车的分配情况，并通过排除法得出合理的安排表，求出 3 辆班车油耗费用最低的最优解为：$\mathrm{Min}Y=3\,240$ 元. 同时计算出小、中、大三辆班车的时间利用率分别为 76.7%、40%、30%，以及小、中、大每辆班车油耗费用利用率分别为 65.2%、70.8%、100%.

在模型二中，建立班车油耗费用最少的目标函数 $Y=2\sum_{i=1}^{3}\sum_{j=1}^{8}a_ib_jx_{ij}$，以车辆约束（每辆车同一时刻至多只能走一个班次）、载客量约束（每班次的车辆座位数应不少于该班次教职工人数的上限）、班次约束（每个班次只能用一辆车）等为约束条件，以第 i 辆班车是否走第 j 班次为决策变量，建立 0－1 整数规划模型. 并利用 LINGO 软件求解，求出每天班车最低油耗费用为3 240 元.

在模型三中，如果市区 A 和市区 B 之间班车运行时间小于 25min. 那么空车往返于路线 2 的班车可改成走路线 1，从而降低总油耗费用. 此时目标函数应改为：

$$Y=2\sum_{i=1}^{3}\sum_{j=1}^{8}a_ib_jx_{ij}-\sum_{i=1}^{3}a_ib_8x_{i8}-\sum_{i=1}^{3}a_ib_7x_{i7}+\sum_{i=1}^{3}a_i45x_{i7}+\sum_{i=1}^{3}a_i45x_{i8}$$

约束条件与模型二一样，同样也建立一个 0－1 整数规划模型，并利用 LINGO 软件求出每天班车最低油耗费用为 3 065 元.

关键词：决策变量　0－1 整数规划　枚举法　最优解

1. 背景及其问题重述

1.1　背景

我国作为教育大国，拥有巨大的校园数量，许多高校地处市郊，常常需要将市区沿途的教师和工作人员送到学校，由于每天到校园的教师和工作人员很多，如何有效的安排车辆及让教师和工作人员满意是一个国内外相关学者研究的重要课题.

近年来，已有很多国内外学者为解决校车调度问题进行了多方面的研究，取得了不少成果，国外对发车间隔设定的研究于 20 世纪 70 年代就成为热点问题，该问题是时刻编制问题的基础. 随着交通运输业的发展，教育质量的不断提高，校车在交通运输行业里开始扮演越来越重要的角色，国内对校车发车间隔和时刻的研究也已经比较深入.

交通运输是城市的重要组成部分，随着教育部逐年加大教育方面的投入，校车作为输送师生出行的重要交通工具，做好校车的调度，完善校园交通环境，改进师生的出行状况，对提高教育质量具有重要意义，作为人口众多基础设施比较落后的中国，校园交通还存在着很大的问题，例如：日益严重的交通道路拥堵现状，校车运输安全的保障. 如何提高校车运输效率，合理高效的安排大批的师生出行，成为摆在当代交通管理者面前的一个重要课题，设计合理的校车交通运行机制对于方便师生出行具有重要作用.

1.2 问题重述

某高校地处市郊，共设立了3条不同方向的接送线路，每天用班车接送居住在市区沿途线路的教职工.这3条线路从市区到学校的平均运行时间依次分别需要45min、70min和50min.目前学校有3辆班车，分别是55座、45座和33座，根据经验和当前油价，这3辆班车的油耗大约分别是5元/min、4元/min和3元/min.

本学期学校拟定的每日班车发车时刻及相应的班次编号见表1，其中上行表示从市区到学校，下行表示从学校到市区.

每日班车发车时刻及班次编号　表1

线路	方向	发车时刻	班次编号	发车时刻	班次编号	发车时刻	班次编号
1	上行	07:00	1	09:00	4	13:00	9
	下行	10:00	5	12:00	6	17:00	10
2	上行	07:00	2	13:00	8		
	下行	12:00	7	17:00	11		
3	上行	07:00	3				
	下行	17:00	12				

由于周一至周五每日的课程安排不同，因此每日乘坐同一班次的人数也是不同的.据统计，每日乘坐各班次的教职工人数范围见表2.

每日乘坐各班次的人数统计表　表2

线路	方向	发车时刻	人数范围	发车时刻	人数范围	发车时刻	人数范围
1	上行	07:00	30~52	09:00	15~25	13:00	32~45
	下行	10:00	12~23	12:00	27~45	17:00	45~50
2	上行	07:00	21~28	13:00	35~38		
	下行	12:00	22~30	17:00	22~26		
3	上行	07:00	41~42				
	下行	17:00	38~42				

请你们通过建立数学模型，编制出一个每日班车的合理安排表，说明每个班次用哪一辆班车，使得在满足需要的情况下，尽量节省每日的油耗成本.要求做到符合下面条件：

(1)对各条线路而言，每日早晨07:00从市区用哪一辆班车到学校，下午17:00就用这辆班车回到市区.

(2)如果从学校沿某线路到达终点站时，距离终点站返回学校的下一班车发车时刻尚早，则空车返回学校；同样在迫不得已时，也采取从学校空车到某线路的终点站，再沿途接人到学校.

(3)每班次的车都应当保证有充足的座位(保证每位乘车的教师有座，不能站着).

注意：为简化模型，可在对表中数据分析的基础上，适当减少决策变量的个数.

2. 问题分析

班车调配问题是一个数学规划问题,即在满足调度限制的解空间内,寻找使调度选择中提出的目标函数都满意的优化解. 我们通过一些合理的假设以及对题表数据的分析,针对班车调配问题建立 0－1 整数规划模型,从而求解出最佳调度方案. 本文中我们采用 2 种方法解决问题. 方法一,我们通过简单的排除法、枚举法设计出使得班车油耗费用最低的合理安排表;方法二,我们通过对数据的分析,利用线性规划的方法,建立 0－1 整数规划模型,并通过 LINGO 软件求出每天班车最低的油耗费用.

在模型一中,不能仅仅只考虑完成当日接送任务或者满足运输任务的要求,应当在考虑班车油耗费用最省,及是否有能力来接送下一趟任务的前提下分析这道题目,因此我们的目标是班车油耗费用最低. 我们通过枚举法,先得出班车完成当日任务的几种可能性,通过合理分析,排除不是最优或者存在错误的情况,最后得出班车油耗费用最低的最优解.

在模型二中,由条件(1)、(2)及所给数据可得:班次 1 和班次 10、班次 2 和班次 11、班次 3 和班次 12、班次 6 和班次 9 分别是一对往返路线(即班次 1 和班次 10 安排同一辆车走的是同一条路线),为了能及时运送班次 4、班次 8 的教职工,班车需要空车返回市区,并且为了能及时运送班次 5、班次 7 的教职工,需要空车返回学校. 又因为班次 6 和班次 9 是一对往返路线,班次 9 和班次 8 又是同一时刻发车,因此班次 6 和班次 8 不能为同一辆车. 所以计算班车的油耗费用则只要考虑班车从班次 1 到班次 8 往返路线的油耗费用即可. 最后以班车油耗费用最少为目的建立单目标函数,以车辆约束、载客量约束、班次约束等为约束条件,以第 i 辆班车是否走第 j 班次为决策变量,建立了使得班车耗油费用最小的 0－1 整数规划模型,并利用 LINGO 求出最优解.

在模型三中,如果市区 A 和市区 B 之间的距离较近,班车可在 25min 内赶到. 空车往返于路线 2 的班车可改成走路线 1,从而降低总油耗费用. 通过对数据的分析可得,班次 5、班次 7 从市区返回学校时是空车,班次 4、班次 8 从学校去市区时是空车. 其中与班次 5 和班次 4 对应的空车都是走路线 1,与班次 7 和班次 8 对应的空车是走路线 2. 因此与班次 7 和班次 8 对应的空车可通过走 1 路线,从而降低总油耗费用. 以车辆约束、载客量约束、班次约束等为约束条件,以第 i 辆客车是否走第 j 班次为决策变量,建立了使得班车耗油费最小的 0－1 整数线性规划模型,并利用 LINGO 求出最优解.

3. 问题假设

(1)假设不计教职工上下车所需时间.

(2)假设班车在接送过程耗油量均匀.

(3)每个班次的班车都不允许超载.

(4)对各路线而言,每天 7:00 从市区用哪一辆班车到学校,那么下午 17:00 也必须就用这辆车回到市区.

(5)不考虑班车接送过程中路段滞留问题、高峰期拥堵问题等.

4. 符号说明

符号说明见表 3.

符号说明 表3

x_{ij}	第 i 辆班车被安排在第 j 个班次($i=1,2,3;j=1,2,3,4,5,6,7,8$)
a_i	第 i 辆班车的油耗(元/min)($i=1,2,3$)
b_j	第 j 个班次的班车运行时间($j=1,2,3,4,5,6,7,8$)
d_i	第 i 辆班车的座位数($i=1,2,3$)
z_j	第 j 班次教职工人数的最大值($j=1,2,3,4,5,6,7,8$)
A	班车通过路线 1 到达的市区为 A
B	班车通过路线 2 到达的市区为 B
C	班车通过路线 3 到达的市区为 C
Y	三辆班车的总油耗费用

5. 问题的建立与求解

5.1 模型一

(1)初步计算班车调配时间

经过对表格中的数据分析得知,3 条不同方向的线路在市区的终点站分别设为市区 A,市区 B,市区 C,早上发车时刻一致为 7:00,且 3 条线路所耗费时间不一,教职工的需求量也不一. 考虑班车油耗费用最低而又能完成当日的接送任务情况下,我们用枚举法总结出一个最优模型.

为了模型一能更直观的分析,我们把题目中的两个表格整合如表 4 所示:

每日班车发车时刻,班次编号及人数统计表 表4

线路	方向	发车时刻	班次编号	人数范围	发车时刻	班次编号	人数范围	发车时刻	班次编号	人数范围
1	上行	7:00	1	30 ~ 52	9:00	4	15 ~ 25	13:00	9	32 ~ 45
	下行	10:00	5	12 ~ 23	12:00	6	27 ~ 45	17:00	10	45 ~ 50
2	上行	7:00	2	21 ~ 28	13:00	8	35 ~ 38			
	下行	12:00	7	22 ~ 30	17:00	11	22 ~ 26			
3	上行	7:00	3	41 ~ 42						
	下行	17:00	12	38 ~ 42						

(2)分析

3 辆班车在 7:00 出发时,考虑到教职工的需求量,班次 1 安排 55 座班车,班次 2 安排 33 座班车,班次 3 安排 45 座班车,则班车油耗费用、所用车辆类型及到达目的地时刻表见表 5.

7:00 出发班车车型、到达时间及油耗费用表 表5

班次编号	1	2	3
班车类型	55 座	33 座	45 座
发车时刻、地点	7:00 市区 A	7:00 市区 B	7:00 市区 C
到达时刻、地点	7:45 学校	8:10 学校	7:50 学校
油耗费用	45 × 5 = 225	70 × 3 = 210	50 × 4 = 200

下一趟在市区 A 有一班次是 9:00 出发，教职工需求量最多 25 人的接送任务，而 33 座班车有能力在规定时间内完成接送任务，所以这趟由 33 座班车先从学校空车沿 1 路线返回到市区 A，再完成这趟接送任务. 班车油耗费用、所用车辆类型及到达目的地时刻表见表 6.

9:00 出发班车车型、到达时间及油耗费用表　　表 6

班次编号	—	—	4
班车类型	55 座	45 座	33 座
发车时刻、地点			9:00 市区 A
到达时刻、地点	—	—	9:45 学校
油耗费用	—	—	45 ×3 +45 ×3 =270

在 10:00 学校有个教职工需求量为 23 人往市区 A 的接送任务，此时考虑油耗费用最低，这趟可以由 33 座班车完成，此时班车油耗费用、所用车辆类型及到达市区 A 的时间见表 7.

10:00 出发班车车型、到达时间及油耗费用表　　表 7

班次编号	—	—	5
班车类型	55 座	45 座	33 座
发车时刻、地点			10:00 学校
到达时刻、地点	—	—	10:45 市区 A
油耗费用	—	—	45 ×3 =135

接下来市区 A，市区 B 在 12:00 各有一趟接送任务，因为返回市区 B 的时间较长，如果派 45 座班车来完成这趟接送任务，会导致接下来 13:00 的任务无班车能完成，所以此时应该让在市区 A 的 33 座班车空车开往学校来完成 12:00 从学校到市区 B 的接送任务，55 座班车完成班次 6 从学校到市区 A 的任务，且 45 座班车应在 7:50 空车从学校开往市区 B 待命以备完成 13:00 的接送任务，则此时班车油耗费用以及分别到达市区 A、B 的时刻见表 8.

12:00 接送任务班车车型、到达时间及油耗费用表　　表 8

班次编号	—	6	7
班车类型	45 座	55 座	33 座
发车时刻、地点	7:50 学校	12:00 学校	12:00 学校
到达时刻、地点	9:00 市区 B	12:45 市区 A	13:10 市区 B
油耗费用	70 ×4 =280	45 ×5 =225	45 ×3 +70 ×3 =345

在 13:00 市区 A、B 也各有一趟开往学校的接送任务，而此时都有班车能完成各自对应的任务，而 33 座班车为了能完成 17:00 从学校出发的接送任务，必须空车从市区 B 开往学校，则班车油耗费用、所用车辆类型以及到达目的地的时刻见表 9.

13:00 接送任务班车车型、到达时间及油耗费用表　　表 9

班次编号	—	8	9
班车类型	33 座	45 座	55 座
发车时刻、地点	13:10 市区 B	13:00 市区 B	13:00 市区 A
到达时刻、地点	14:20 学校	14:10 学校	13:45 学校
油耗费用	70 ×3 =210	70 ×4 =280	45 ×5 =225

最后,从学校返回的接送任务,根据题目的要求,对各条线路而言,每日早晨07:00从市区用哪一辆班车到学校,下午17:00就用这辆班车回到市区,则班车油耗费用、所用车辆类型以及分别到达市区A、B、C的时刻见表10.

17:00接送任务班车车型、到达时间及油耗费用表 表10

班次编号	10	11	12
班车类型	55座	33座	45座
发车时刻、地点	17:00学校	17:00学校	17:00学校
到达时刻、地点	17:45市区A	18:10市区B	17:50市区C
油耗费用	$45\times5=225$	$70\times3=210$	$50\times4=200$

此模型是通过考虑油耗费用最低的最优方案来进行合理分析并且计算,综上可得油耗费用最低:$\mathrm{Min}Y=3\,240$ 元.

由于每辆班车每天上班时间为7:00~17:00,历时600min. 33座班车总运行时间为460min(其中空车运行时间为160min),45座班车总运行时间为240min(其中空车运行时间为70min),55座班车总运行时间为180min(无空车运行). 所以:

$$每辆班车时间利用率=\frac{每辆班车接送的总时间}{每天上班总时间}\times100\%$$

$$每辆班车油耗费用利用率=\frac{每辆班车非空车接送总时间\times油耗}{每辆班车的总油耗费用}\times100\%$$

综合上述得:

$$33座班车时间利用率=\frac{70+45+45+70+70+160}{600}\times100\%=\frac{460}{600}\times100\%=76.7\%$$

$$45座班车时间利用率=\frac{50+50+70+70}{600}\times100\%=\frac{240}{600}\times100\%=40\%$$

$$55座班车时间利用率=\frac{45+45+45+45}{600}\times100\%=\frac{180}{600}\times100\%=30\%$$

$$33座班车油耗费用利用率=\frac{(70+45+45+70+70)\times4}{460\times4}\times100\%=\frac{300}{460}\times100\%=65.2\%$$

$$45座班车油耗费用利用率=\frac{(50+50+70)\times5}{240\times5}\times100\%=\frac{170}{240}\times100\%=70.8\%$$

$$55座班车油耗费用利用率=\frac{(45+45+45+45)\times6}{180\times6}\times100\%==100\%$$

用Excel画出三辆班车时间利用率和油耗费用利用率的对比图,见图1.

从上图分析可知,大车使用次数较少,但是在油耗方面没有浪费,没出现空车. 小车的使用次数较频繁,使用效率是最理想的. 中车的使用次数居中.

最终班车调配表如表11所示:

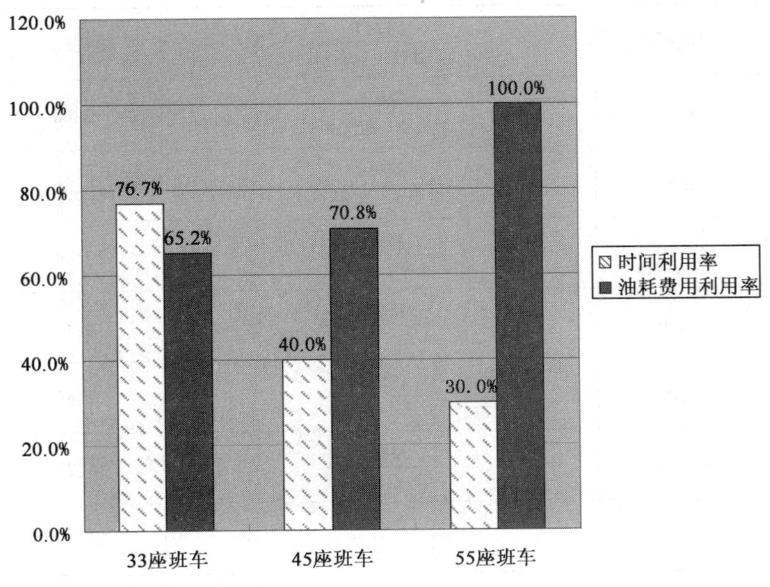

图 1　三辆班车时间利用率和油耗费用利用率的对比图

模型一班车调配表　　表 11

55 座	A	7:00～7:45 → 班次 1	学校	12:00～12:45 → 班次 6	A	13:00～13:45 → 班次 9	学校	17:00～17:45 → 班次 10	A
45 座	C	7:00～7:50 → 班次 3	学校	7:50～9:00 → 空车	B	13:00～14:10 → 班次 8	学校	9:30～10:45 → 班次 12	C
33 座	B	7:00～8:10 → 班次 2	学校	8:10～8:55 → 空车	B	9:00～9:45 → 班次 4	学校	10:00～10:45 → 班次 5	A
		10:45～11:30 → 空车	学校	12:00～13:10 → 班次 7	B	13:10～14:20 → 空车	学校	17:00～18:10 → 班次 11	B

三辆班车往返于市区和学校之间的时刻、路线以及走的班次如表 12 所示：

三辆班车往返于市区和学校之间的时刻、班次、路线表　　表 12

市区 A	7:00	路线 1 → 大车　班次 1	7:45	学校
市区 B	7:00	路线 2 → 小车　班次 2	8:10	学校
市区 C	7:00	路线 3 → 中车　班次 3	7:50	学校
市区 A	8:10	路线 1 ← 小车　空车	8:55	学校
市区 A	9:00	路线 1 → 小车　班次 4	9:45	学校
市区 A	10:45	路线 1 ← 小车　班次 5	10:00	学校

续上表

市区 A	10:45	路线 1 → 小车 空车	11:30	学校
市区 A	12:45	路线 1 ← 大车 班次 6	12:00	学校
市区 B	9:00	路线 2 ← 中车 空车	7:50	学校
市区 B	13:10	路线 2 ← 小车 班次 7	12:00	学校
市区 B	13:00	路线 2 → 中车 班次 8	14:10	学校
市区 A	13:00	路线 1 → 大车 班次 9	13:45	学校
市区 B	13:10	路线 2 → 小车 空车	14:20	学校
市区 A	17:45	路线 1 ← 大车 班次 10	17:00	学校
市区 B	18:10	路线 2 ← 小车 班次 11	17:00	学校
市区 C	17:40	路线 3 ← 中车 班次 12	17:00	学校

注:大车代表 55 座班车,中车代表 45 座班车,小车代表 33 座班车.

5.2 模型二

利用线性规划基础知识,建立 0 - 1 整数规划模型,通过 LINGO 软件求出最优解,并设计合理的班车调配表.

(1)建立目标函数

决策变量:

$$x_{ij} = \begin{cases} 1 & \text{第 } i \text{ 辆车走第 } j \text{ 班次} \\ 0 & \text{否则} \end{cases} \quad (i = 1,2,3; j = 1,2,3,\cdots,8)$$

由所需满足条件和所给的数据可得:

$$\begin{cases} x_{i1} = x_{i10} \\ x_{i2} = x_{i11} \\ x_{i3} = x_{i12} \\ x_{i6} = x_{i9} \end{cases} \quad (i = 1,2,3)$$

注:班次 1 和班次 10、班次 2 和班次 11、班次 3 和班次 12、班次 6 和班次 9 分别是一对往返路线.

班次 5、班次 7 从市区返回学校时是空车,班次 4、班次 8 从学校去市区时是空车,所以计算班车的油耗只要考虑班次 1 到 8 班次往返即可.

目标函数:

$$Y = 2\sum_{i=1}^{3}\sum_{j=1}^{8} a_i b_j x_{ij}$$

式中：x_{ij}——第 i 辆班车被安排在第 j 个班次($i=1,2,3;j=1,2,3,4,5,6,7,8$)；

a_i——第 i 辆班车的油耗(元/min)($i=1,2,3$)；

b_j——第 j 个班次的班车运行时间($j=1,2,3,4,5,6,7,8$).

(2)约束条件

①因为每辆班车同一时刻至多只能走一个班次，因此班次1、班次2、班次3不能为同一辆车，班次6、班次7也不能为同一辆车，而班次6与班次9是一对往返路线，又因为班次8跟班次9发车时间一样，因此班次6与班次8不能为同一辆车，从而我们得到关于车辆的约束条件为：

$$\begin{cases} x_{i1}+x_{i2}+x_{i3}=1 \\ x_{i6}+x_{i7}\leqslant 1 \\ x_{i6}+x_{i8}\leqslant 1 \end{cases} \quad (i=1,2,3)$$

②由条件(3)每辆班车都不能超载可知，每班次的车辆座位数应不少于该班次教职工人数的上限，因此可得每个班次的载客量约束条件为：

$$d_1x_{1j}+d_2x_{1j}+d_3x_{3j}\geqslant z_j \quad (i=1,2,3;j=1,2,3,\cdots,8)$$

③因为每个班次只能用一辆车，所以我们可得关于班次的约束条件为：

$$x_{1j}+x_{2j}+x_{3j}=1 \quad (i=1,2,3;j=1,2,3,\cdots,8)$$

列出目标函数和约束条件后，即可得到一个使得该学校既能完成每天的接送任务，又能降低成本，把每天的班车油耗费用降到最低的0－1整数规划模型：

$$\min Y=2\sum_{i=1}^{3}\sum_{j=1}^{8}a_ib_jx_{ij}$$

$$s.t.\begin{cases} \sum_{j=1}^{3}x_{ij}=1 \\ x_{i6}+x_{i8}\leqslant 1 \\ x_{i6}+x_{i7}\leqslant 1 \\ \sum_{i=1}^{3}\sum_{j=1}^{8}d_ix_{ij}\geqslant z_j \\ \sum_{i=1}^{3}x_{ij}=1 \end{cases}$$

可编写程序利用LINGO软件求解，程序见附件1，LINGO运行结果：

```
Global optimal solution found.
  Objective value:                          3240.000
  Extended solver steps:                           0
  Total solver iterations:                         0
                    Variable        Value        Reduced Cost
                       B(1)      45.00000           0.000000
                       B(2)      70.00000           0.000000
                       B(3)      50.00000           0.000000
                       B(4)      45.00000           0.000000
```

B(5)	45.00000	0.000000
B(6)	45.00000	0.000000
B(7)	70.00000	0.000000
B(8)	70.00000	0.000000
Z(1)	52.00000	0.000000
Z(2)	28.00000	0.000000
Z(3)	42.00000	0.000000
Z(4)	25.00000	0.000000
Z(5)	23.00000	0.000000
Z(6)	45.00000	0.000000
Z(7)	30.00000	0.000000
Z(8)	38.00000	0.000000
A(1)	5.000000	0.000000
A(2)	4.000000	0.000000
A(3)	3.000000	0.000000
D(1)	55.00000	0.000000
D(2)	45.00000	0.000000
D(3)	33.00000	0.000000
X(1, 1)	1.000000	450.0000
X(1, 2)	0.000000	700.0000
X(1, 3)	0.000000	500.0000
X(1, 4)	0.000000	450.0000
X(1, 5)	0.000000	450.0000
X(1, 6)	1.000000	450.0000
X(1, 7)	0.000000	700.0000
X(1, 8)	0.000000	700.0000
X(2, 1)	0.000000	360.0000
X(2, 2)	0.000000	560.0000
X(2, 3)	1.000000	400.0000
X(2, 4)	0.000000	360.0000
X(2, 5)	0.000000	360.0000
X(2, 6)	0.000000	360.0000
X(2, 7)	0.000000	560.0000
X(2, 8)	1.000000	560.0000
X(3, 1)	0.000000	270.0000
X(3, 2)	1.000000	420.0000
X(3, 3)	0.000000	300.0000
X(3, 4)	1.000000	270.0000

```
X(3, 5)        1.000000        270.0000
X(3, 6)        0.000000        270.0000
X(3, 7)        1.000000        420.0000
X(3, 8)        0.000000        420.0000
```

由上得：

$$x_{11}=x_{16}=x_{19}=x_{1,10}=x_{23}=x_{28}=x_{2,12}=x_{32}=x_{34}=x_{35}=x_{37}=x_{3,11}=1$$

最小油耗费用 $Y=3\,240$.

即：班次 1、班次 6、班次 9、班次 10 用 55 座班车，班次 3、班次 8、班次 12 用 45 座班车，班次 2、班次 4、班次 5、班次 7、班次 11 用 33 座班车.

最终的班车调配表如表 13 所示：

模型二班车调配表　　表 13

班次	起点	路线/车型	终点
班次 1	市区 A	路线 1 → 大车	学校
班次 2	市区 B	路线 2 → 小车	学校
班次 3	市区 C	路线 3 → 中车	学校
班次 4	市区 A	路线 1 → 小车	学校
班次 5	学校	路线 1 → 小车	市区 A
班次 6	学校	路线 1 → 大车	市区 A
班次 7	学校	路线 2 → 小车	市区 B
班次 8	市区 B	路线 2 → 中车	学校
班次 9	市区 A	路线 1 → 大车	学校
班次 10	学校	路线 1 → 大车	市区 A
班次 11	学校	路线 2 → 小车	市区 B
班次 12	学校	路线 3 → 中车	市区 C

注：大车代表 55 座客车，中车代表 45 座客车，小车代表 33 座客车.

5.3　模型三

如果市区 A 和市区 B 之间的距离较近，班车运行时间小于 25min，这时空车往返于路线 2 的客车可改成走路线 1，从而降低总油耗费用.

(1) 建立目标函数

决策变量：

$$x_{ij}=\begin{cases}1 & \text{第 } i \text{ 辆车走第 } j \text{ 班次} \\ 0 & \text{否则}\end{cases} \quad (i=1,2,3;j=1,2,3,\cdots,8)$$

由所需满足条件和所给的数据可得:

$$\begin{cases}x_{i1}=x_{i10} \\ x_{i2}=x_{i11} \\ x_{i3}=x_{i12} \\ x_{i6}=x_{i9}\end{cases} \quad (i=1,2,,3)$$

注:班次 1 和班次 10、班次 2 和班次 11、班次 3 和班次 12、班次 6 和班次 9 分别是一对往返路线.

班次 5、班次 7 从市区返回学校时是空车,班次 4、班次 8 从学校去市区时是空车,所以计算班车的油耗只要考虑班次 1 到 8 班次往返即可.

目标函数改为:

$$Y=2\sum_{i=1}^{3}\sum_{j=1}^{8}a_ib_jx_{ij}-\sum_{i=1}^{3}a_ib_8x_{i8}-\sum_{i=1}^{3}a_ib_7x_{i7}+\sum_{i=1}^{3}a_i45x_{i7}+\sum_{i=1}^{3}a_i45x_{i8}$$

式中:x_{ij}——第 i 辆班车被安排在第 j 个班次($i=1,2,3;j=1,2,3,4,5,6,7,8$);

a_i——第 i 辆班车的油耗(元/min)($i=1,2,3$);

b_j——第 j 个班次的班车运行时间($j=1,2,3,4,5,6,7,8$).

(2)约束条件

①因为在同一时刻每辆班车至多只能走一个班次. 班次 1、班次 2、班次 3 发车时刻一样,班次 6、班次 7 发车时刻一样,班次 8、班次 9 发车时刻一样,而班次 6、班次 9 是一对往返路线,所以班次 1、班次 2、班次 3 不能为同一辆车,班次 6、班次 7 不能派同一辆车,班次 6、班次 8 不能安排同一辆车:

$$\begin{cases}x_{i1}+x_{i2}+x_{i3}=1 \\ x_{i6}+x_{i7}\leqslant 1 \\ x_{i6}+x_{i8}\leqslant 1\end{cases} \quad (i=1,2,3)$$

②因为条件(3)规定每个教职工都要有座位,所以每班次的车辆座位数应不少于该班次教职工人数的上限:

$$d_1x_{1j}+d_2x_{1j}+d_3x_{3j}\geqslant z_j \quad (i=1,2,3;j=1,2,3,\cdots,8)$$

③因为每班次只能派一辆车,所以 3 辆车不能走同一班次:

$$x_{1j}+x_2x_{2j}+x_{3j}=1 \quad (i=1,2,3;j=1,2,3,\cdots,8)$$

在给出了目标函数和约束条件后,即可得到一个使得该学校既能完成每天的接送任务,又能降低成本,把每日的班车油耗费用降到最低的规划模型:

$$\min Y=2\sum_{i=1}^{3}\sum_{j=1}^{8}a_ib_jx_{ij}-\sum_{i=1}^{3}a_ib_8x_{i8}-\sum_{i=1}^{3}a_ib_7x_{i7}+\sum_{i=1}^{3}a_i45x_{i7}+\sum_{i=1}^{3}a_i45x_{i8}$$

$$
s.t.\begin{cases}\sum_{j=1}^{3}x_{ij}=1\\ x_{i6}+x_{i8}\leqslant 1\\ x_{i6}+x_{i7}\leqslant 1\\ \sum_{i=1}^{3}\sum_{j=1}^{8}d_i x_{ij}\geqslant z_j\\ \sum_{i=1}^{3}x_{ij}=1\end{cases}
$$

可编写程序，通过 LINGO 软件求解，程序见附件 2，LINGO 运行结果如下：

```
Global optimal solution found.
  Objective value:                              3065.000
  Extended solver steps:                               0
  Total solver iterations:                             0


                       Variable           Value        Reduced Cost
                           B(1)        45.00000            0.000000
                           B(2)        70.00000            0.000000
                           B(3)        50.00000            0.000000
                           B(4)        45.00000            0.000000
                           B(5)        45.00000            0.000000
                           B(6)        45.00000            0.000000
                           B(7)        70.00000            0.000000
                           B(8)        70.00000            0.000000
                           Z(1)        52.00000            0.000000
                           Z(2)        28.00000            0.000000
                           Z(3)        42.00000            0.000000
                           Z(4)        25.00000            0.000000
                           Z(5)        23.00000            0.000000
                           Z(6)        45.00000            0.000000
                           Z(7)        30.00000            0.000000
                           Z(8)        38.00000            0.000000
                           A(1)        5.000000            0.000000
                           A(2)        4.000000            0.000000
                           A(3)        3.000000            0.000000
                           D(1)        55.00000            0.000000
                           D(2)        45.00000            0.000000
                           D(3)        33.00000            0.000000
```

```
X(1, 1)        1.000000        450.0000
X(1, 2)        0.000000        700.0000
X(1, 3)        0.000000        500.0000
X(1, 4)        0.000000        450.0000
X(1, 5)        0.000000        450.0000
X(1, 6)        1.000000        450.0000
X(1, 7)        0.000000        575.0000
X(1, 8)        0.000000        575.0000
X(2, 1)        0.000000        360.0000
X(2, 2)        0.000000        560.0000
X(2, 3)        1.000000        400.0000
X(2, 4)        0.000000        360.0000
X(2, 5)        0.000000        360.0000
X(2, 6)        0.000000        360.0000
X(2, 7)        0.000000        460.0000
X(2, 8)        1.000000        460.0000
X(3, 1)        0.000000        270.0000
X(3, 2)        1.000000        420.0000
X(3, 3)        0.000000        300.0000
X(3, 4)        1.000000        270.0000
X(3, 5)        1.000000        270.0000
X(3, 6)        0.000000        270.0000
X(3, 7)        1.000000        345.0000
X(3, 8)        0.000000        345.0000
```

车辆安排情况与模型二一样,即

$$x_{11} = x_{16} = x_{19} = x_{1,10} = x_{23} = x_{28} = x_{2,12} = x_{32} = x_{34} = x_{35} = x_{37} = x_{3,11} = 1$$

但班车油耗费用减少为 $Y = 3\,065$ 元,比模型二节省 175 元.

6. 模型的评价与改进

6.1 模型的的优点

(1)我们通过一些合理的假设,针对班车调度问题建立了一般模型. 先对模型进行了简化,采用由简单到复杂,逐步深入的方法,充分利用 LINGO 软件优化求解,从而得到一个整体最优解.

(2)模型一采用图表形式表述班车分配结果,简明易懂. 从模型的柱状图分析也得出与现实较吻合的派车方案. 在物流公司用车和城乡客运中,小型车的使用也是最频繁的,这也印证了模型一的结果.

(3)模型二用 0 – 1 规划设计,计算采用专业的数学软件,可信度高. 模型二适用性好,可

移植性强,可推广到更多路线班车的调配、公交车调配等问题.

6.2　模型的缺点

模型一只适用于决策变量较少的情形,建立模型时没有考虑到运输路况意外(如下雨天,上下班高峰期堵车等)滞留问题,教职工上下车时间没有考虑,具有一定的局限性.

6.3　模型的改进

车辆路线问题(VRP)是指对于车辆调配的问题.它是指一定数量的客户,各自有不同数量的货物需求,配送中心向客户提供货物,由一个车队负责分送货物,组织适当的行车路线,目标是使得客户的需求得到满足,并能在一定的约束下,达到诸如路程最短、成本最小、耗费时间最少等目的.目前,主流的方法为模拟退火算法和遗传算法.首先用模拟退火算法将车辆路线的数量最小化,然后用大邻域搜索法将运输费用降到最低.

本题也可用上述思路,可把3种车型的12个班次的车辆用0和1组成遗传基因,经过有限次的迭代,形成最优解.它的优点在于可以考虑更多的不定因素.例如,在实际问题中,如果由于高峰期、车辆故障等原因,车辆没有在约定时间内到达目的地,车辆派送班次并不影响,但对其要进行适当的惩罚.这种惩罚会引起最小费用的提高,但也更加的接近现实模型.对数学建模的初衷,也是简化生活中的模型,最后把模型应用在现实生活中,这是本题可改进的研究方向.

参考文献

[1] 谢金星,薛毅.优化建模与LINDO/LINGO软件[M].北京:清华大学出版社,2006.

[2] 姜启源,谢金星,叶俊.数学模型[M].北京:高等教育出版社,2010.

[3]《运筹学》缩写组.运筹学[M].北京:清华大学出版社,1993.

[4] 陈笑缘,张国勇,数学模型[M].北京:中国财政经济出版社,2003 .

[5] 袁新生,邵大宏,郁时炼.LINGO和Excel在数学建模中的应用[M].北京:科学出版社,2014.

附件　《班车的合理安排》相关程序

附件1

```
sets:
r/1..8/:b,z;
c/1..3/:a,d;
m(c,r):x;
endsets
data:
b=45 70 50 45 45 45 70 70;
a=5 4 3;
d=55 45 33;
z=52 28 42 25 23 45 30 38;
enddata
```

```
min =2 * @ sum(m(i,j):x(i,j) * a(i) * b(j));
@ for(c(i):x(i,1) +x(i,2) +x(i,3) =1);
@ for(c(i):x(i,6) +x(i,8) < =1);
@ for(c(i):x(i,6) +x(i,7) < =1);
@ for(r(j):@ sum(c(i):d(i) * x(i,j)) > =z(j));
@ for(r(j):@ sum(c(i):x(i,j)) =1);
@ for(m(i,j):@ bin(x(i,j)));
```

附件 2

```
sets:
r/1..8/:b,z;
c/1..3/:a,d;
m(c,r):x;
endsets
data:
b =45 70 50 45 45 45 70 70;
a =5 4 3;
d =55 45 33;
z =52 28 42 25 23 45 30 38;
enddata
min =2 * @ sum(m(i,j):x(i,j) * a(i) * b(j)) - @ sum(c(i):x(i,8) * a(i) * b(8)) - @ sum
(c(i):x(i,7) * a(i) * b(7)) + @ sum(c(i):x(i,7) * 45 * a(i)) + @ sum(c(i):x(i,8) * 45
* a(i));
@ for(c(i):x(i,1) +x(i,2) +x(i,3) =1);
@ for(c(i):x(i,6) +x(i,8) < =1);
@ for(c(i):x(i,6) +x(i,7) < =1);
@ for(r(j):@ sum(c(i):d(i) * x(i,j)) > =z(j));
@ for(r(j):@ sum(c(i):x(i,j)) =1);
@ for(m(i,j):@ bin(x(i,j)));
```

[论文点评]

班车安排问题是从我们身边的实际问题出发,与我们的实际生活有密切联系,这类型的题目可以更好地激励参赛选手解决问题,让选手更有成就感.

本文思路清晰,结构合理,图文并茂,显示了作者在论文写作方面的基本功.本文针对相应的实际问题建立了合理的数学模型,求解得到了符合实际情况的结果,是一篇较好的建模论文.

作者利用排除法、分析法、枚举法、0 - 1 规划等相应的数学方法,建立了 0 - 1 整数规划模型,并通过 LINGO 等数学软件对建立的模型进行求解,最后得到一个合理的班车调配表,使每天班车油耗费用最低.

实例 3　公共自行车服务系统

（2013 年全国大学生数学建模竞赛 D 题）

公共自行车作为一种低碳、环保、节能、健康的出行方式，正在全国许多城市迅速推广与普及. 在公共自行车服务系统中，自行车租赁的站点位置及各站点自行车锁桩和自行车数量的配置，对系统的运行效率与用户的满意度有重要的影响.

附件 1 为浙江省温州市鹿城区公共自行车管理中心提供的某 20 天借车和还车的原始数据，所给站点的地理位置参见附件 2（详细信息可以参考温州市鹿城区公共自行车管理中心网站：http://www.wzbicycle.com）. 请你们在搞清楚公共自行车服务模式和使用规则的基础上，根据附件提供的数据，建立数学模型，讨论以下问题：

（1）分别统计各站点 20 天中每天及累计的借车频次和还车频次，并对所有站点按累计的借车频次和还车频次分别给出它们的排序. 另外，试统计分析每次用车时长的分布情况.

（2）试统计 20 天中各天使用公共自行车的不同借车卡（即借车人）数量，并统计数据中出现过的每张借车卡累计借车次数的分布情况.

（3）找出所有已给站点合计使用公共自行车次数最大的一天，并讨论以下问题：

①请定义两站点之间的距离，并找出自行车用车的借还车站点之间（非零）最短距离与最长距离. 对借还车是同一站点且使用时间在 1min 以上的借还车情况进行统计.

②选择借车频次最高和还车频次最高的站点，分别统计分析其借、还车时刻的分布及用车时长的分布.

③找出各站点的借车高峰时段和还车高峰时段，在地图上标注或列表给出高峰时段各站点的借车频次和还车频次，并对具有共同借车高峰时段和还车高峰时段的站点分别进行归类.

（4）请说明上述统计结果携带了哪些有用的信息，由此对目前公共自行车服务系统站点设置和锁桩数量的配置做出评价.

（5）找出公共自行车服务系统的其他运行规律，提出改进建议.

附件 1：公共自行车数据（内含 20 个 Excel 文件）
附件 2：公共自行车站点分布图

附件 1、2 的数据量较大，可查阅网站：
http://special.univs.cn/service/jianmo/sxjmtmhb/2013/0525/969401.shtml.

[获奖论文]

参赛单位：福建船政交通职业学院
参赛学生：范荣伟　林美珍　郑德贤
指导教师：甘媛
获奖情况：2013 年全国大学生数学建模竞赛国家二等奖

公共自行车服务系统的研究

摘要:

本模型研究温州市鹿城区公共自行车服务系统在温州市运行的实际情况,根据所提供的20天借还车数据,以各个站点为重点研究对象,综合利用Excel软件的各种函数、排序和统计分析等功能进行分析.其分析的结果可表明,各个站点所需的自行车数和锁桩数量存在明显差异.

公共自行车借车、还车环节需在服务点完成.服务点不为理想状态时,就会出现借不了车或还不了车的情况.此时可为工作人员配置一台调度车,来满足服务系统的调度要求,通过上架或下架操作使该服务点恢复理想状态.若服务点满架,则下架部分自行车置于调度车;若服务点空架,则将部分置于调度车的自行车上架.

文还发现如下规律:自行车和锁桩的数量与时间呈负相关;市区的自行车数和锁桩与郊区的自行车数和锁桩,其各自相同的项成反比;周一到周二使用自行车频数高,周末使用人数较少.本文针对以上规律提出了几点改进建议.

关键词:频率　频数　均值　方差

1.模型准备

1.1　背景

在某个区域内,隔一定距离规划出一些停放自行车的点(如地铁出口、社区大门口),一个租赁点放置30辆左右的自行车,很多的自行车租赁点共同组成一个网络,并通过公共自行车管理系统来管理这些自行车.每辆自行车都单独有一个可以锁自行车的装置和读卡租车、还车的读卡器(固定在地上的,不能移动).每次租车把卡放到上面读一下,锁就开了,自行车就可以骑走了,骑到任何一个其他租赁点都可以还车,因为系统是连网的.还车时把车放到锁的位置,把卡靠近读卡器读一下,车就锁了,还车成功.

1.2　问题的重述

(1)分别统计各站点20天中每天及累计的借车频次和还车频次,并对所有站点按累计的借车频次和还车频次分别给出它们的排序.另外,试统计分析每次用车时长的分布情况.

(2)试统计20天中各天使用公共自行车的不同借车卡(即借车人)数量,并统计数据中出现过的每张借车卡累计借车次数的分布情况.

(3)找出所有已给站点合计使用公共自行车次数最大的一天,并讨论以下问题:

①请定义两站点之间的距离,并找出自行车用车的借还车站点之间(非零)最短距离与最长距离.对借还车是同一站点且使用时间在1min以上的借还车情况进行统计.

②选择借车频次最高和还车频次最高的站点,分别统计分析其借、还车时刻的分布及用车时长的分布.

③找出各站点的借车高峰时段和还车高峰时段,在地图上标注或列表给出高峰时段各站点的借车频次和还车频次,并对具有共同借车高峰时段和还车高峰时段的站点分别进行归类.

(4)请说明上述统计结果携带了哪些有用的信息,由此对目前公共自行车服务系统站点设置和锁桩数量的配置做出评价.

(5)找出公共自行车服务系统的其他运行规律,提出改进建议.

2. 模型的假设

(1)假设不考虑因用车时长低于1min和高于100min的数据影响的影响.

(2)假设不考虑因错误数据所存在的影响.

(3)假设不考虑因地理位置差异造成的影响.

(4)假设不考虑因社会经济差异造成的影响.

(5)假设不考虑因社会文化差异造成的影响.

(6)假设不考虑因外部因素发生改变造成的影响.

(7)假设不考虑因路况造成的影响.

(8)假设匀速行驶 $v=250\text{m/min}$.

(9)车自借出一直都处于行走状态.

3. 符号的表示

C:路程;v:平均速度;t:时间;y:自行车数量;z:锁桩数.

a:系数;b:常数;$\bar{x}$ 样本均值;$s=\sqrt{\frac{1}{n}\sum_{i=1}^{N}(x_i-\bar{x})^2}$.

4. 模型的建立与求解

4.1　借还车数据分析

对服务点的可借车数量实际值和拟合曲线(图1),可还车数量实际值和拟合曲线(图2),可借车可还车的交叉图(图3),从图1可以看出借车高峰期大致在早上9:30~11:30,从图3中看出10:30左右可借车的数量在波谷,但是波谷的可借车辆仍然大于零,同理晚上还车高峰,波谷在8:30过一点,但此时已经接近于零,所以我们可以工作人员八点巡逻到该点,对车辆进行处理.

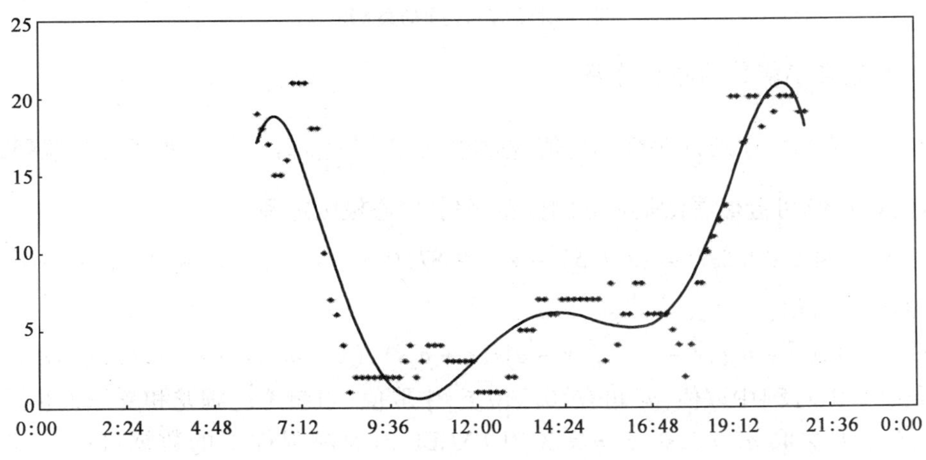

图1　可借车数量拟合曲线

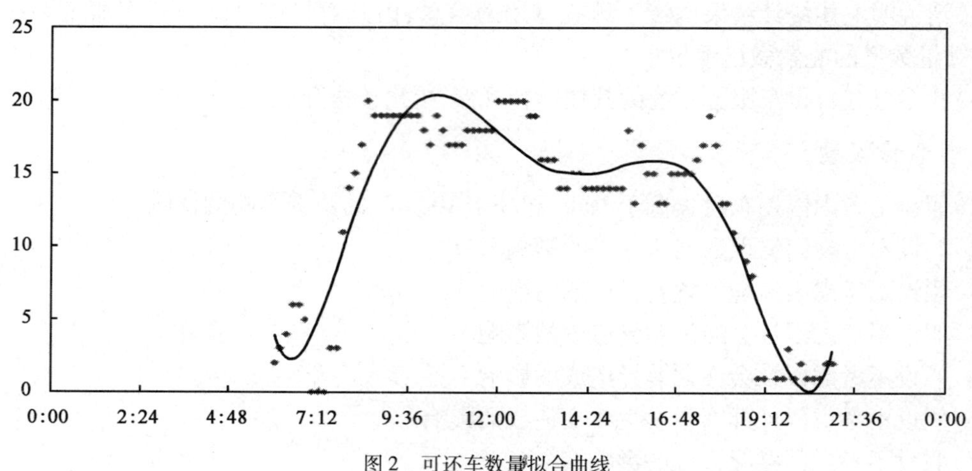

图 2　可还车数量拟合曲线

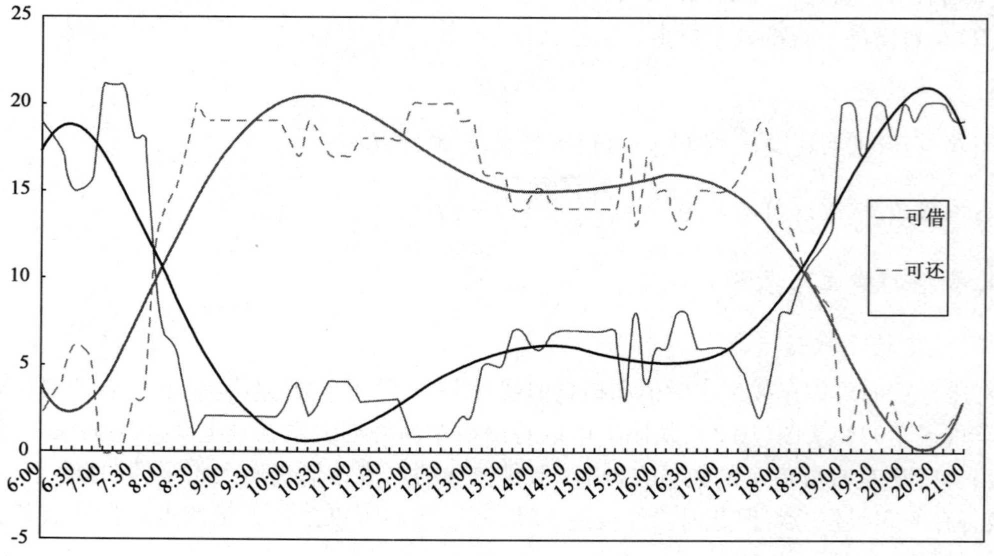

图 3　可借车可还车的交叉图

4.2　服务点车辆数的指标分级

$x_1x_2x_3\cdots x_n$ 为指标序列，$\bar{x}$ 为样本均值，标准方差 $S\sqrt{\frac{1}{n}\sum_{i=1}^{N}(x_i-\bar{x})^2}$，如果是弱序列，则相关系数绝对值≤0.30 可近似看做是独立同分布序列. 中心极限定理：

$P\{\bar{x}-1.5s\leqslant\bar{x}+1.5s\}\approx 2\phi(1.5)-1=0.87$，$P\{\bar{x}-s\leqslant\bar{x}+s\}\approx 2\phi(1.0)-1=0.68$

通常划分为五组：

$(-\infty,\bar{x}-a_1s),(\bar{x}-a_1s,\bar{x}-a_2s),(\bar{x}-a_2s,\bar{x}+a_2s),(\bar{x}-a_2s,\bar{x}+a_2s),(\bar{x}+a_1s,\bar{x}+\infty)$

a_1 可在[1.0,1.5]中取值，a_2 可在[0.3,0.6]中取值(可参考冯耀龙和夏乐天在马尔可夫链中的定义). 本文取 $a_1=1.0$，$a_2=0.3$ 用 EXCEL 对原题附件 1 的数据进行处理得：$\bar{x}=8.538$，$S=6.659$. 则指标分级序列见表 1.

服务点车辆数指标分级序列表　　表1

$x<5.766$	较低
$5.766<x<10.452$	低
$10.452<x<14.470$	理想
$10.470<x<19.157$	高
$19.157<x$	较高

注：x 为服务点的车辆数.

由表1可知：最理想状态为 $10.452<x<14.40$ 规定上架为正，下架为负，则上下架自行车的数量见表2.

上下架自行车的数量　　表2

时间	9:30	9:40	9:50	10:00	10:10	10:20
车辆数	2	2	2	3	4	2
需求量	13	13	13	12	11	13
时间	10:30	10:40	10:50	11:00	11:10	11:20
车辆数	3	4	4	4	3	3
需求量	12	11	11	11	12	12
时间	11:30	19:30	19:40	19:50	20:00	20:10
车辆数	3	20	20	18	20	19
需求量	12	-5	-5	-3	-5	-4
时间	20:20	20:30	20:40	20:50	21:00	
车辆数	20	20	20	19	19	
需求量	-5	-5	-5	-4	-4	

4.3　车辆上下架时段的分析

根据上两问我们得知，工作人员对站点进行最佳调整的时间段和理想状态下的车辆数，我们根据上图借车的趋势图可以得知要想理想状态尽可能的长则必须根据趋势调整上下架车辆数. 如在早上9:30~11:30的时间段对车辆进行上下架时，由于此时该点的需求量大，而且未来也没有变化特别明显，因此我们可以适当的加大上车数量来尽可能长的维持下一时间段的理想状态，同时在晚上还车高峰时对其进行调整，下一时间段借还车的人相对就会大量减少，所以该段时间的稳态时间肯定较其他时段长.

4.4　问题一

分别统计各站点20天中每天及累计的借车频次和还车频次，并对所有站点按累计的借车频次和还车频次分别给出它们的排序. 另外，试统计分析每次用车时长的分布情况.

4.4.1　统计各站点20天中每天及累计的借车频次和还车频次（表3），详情见附件1.

由附件1可知，同一站点每天的借车和还车的频次都差不多，但是不同站点之间的借车和还车的频次相差比较大. 这说明站点之间受人流量等的因素影响，每个站点的需求量大不相同. 而累计的借车和还车频数可以得出每个站点公共自行车辆的投入量的多少.

20 天内借车的次数统计(取前 10 个站点) 表 3

站点	1	2	3	4	5	6	7	8	9	10	11	12	13	14	15	16	17	18	19	20	合计
安澜轮渡码头	248	237	104	215	212	229	237	84	59	48	174	185	207	225	146	92	155	167	156	191	3 371
安平大厦	271	278	152	251	272	279	296	125	111	37	240	256	296	283	289	135	246	228	293	305	4 643
白鹿洲公园	190	214	99	235	217	206	197	75	37	23	253	218	230	166	205	87	195	224	185	166	3 422
百里路勤奋路口	87	92	63	104	95	109	136	57	33	26	113	117	135	139	138	52	129	95	148	137	2 005
百里小学	94	123	47	125	127	141	133	82	47	38	151	144	177	166	144	78	133	146	162	168	2 426
滨江街道办事处	118	126	38	105	174	172	169	74	37	20	102	119	224	161	160	78	129	92	208	188	2 494
滨江美景园	107	100	36	102	116	110	116	42	27	14	106	100	129	119	113	37	108	110	122	123	1 837
测试点	25	28	5	7	30	31	30	23	9	2	8	40	27	32	23	21	7	6	32	33	419
春晖路口	276	315	144	296	285	277	305	110	71	46	289	258	296	317	268	128	277	264	267	261	4 750
粗糠桥	93	127	59	129	107	127	154	69	40	29	144	127	147	151	138	105	149	167	153	181	2 396

4.4.2 所有站点按累计的借车频次和还车频次的排序(表 4),详情见附件 2

所有站点累计借还车频次排序(取其中 10 个站点) 表 4

借车频次排序		还车频次排序	
站　点	合　计	站　点	合　计
安澜轮渡码头	12 288	安澜轮渡码头	12 309
安平大厦	11 953	安平大厦	12 148
白鹿洲公园	9 869	白鹿洲公园	9 986
百里路勤奋路口	9 675	百里路勤奋路口	9 946
百里小学	9 274	百里小学	9 399
浙江工贸学院	722	浙江工贸学院	702
浙南农贸市场对面	667	浙南农贸市场对面	669
质量监督局	605	质量监督局	632
中瑞曼哈顿	419	中瑞曼哈顿	422
中山公园北	328	中山公园北	345
中西医结合医院	299	中西医结合医院	317

由附件 2 可知,各个站点之间的借车和还车的频数差距较大.借车和还车最频繁的站点和最不频繁的站点之间的频数差距巨大,可以达到数十倍.

4.4.3 每次用车时长的分布情况(图 4 和图 5).

4.4.4 每次用车时长的分布情况分析.

由图 2 可知,使用公共自行车在 20min 以下的频数占到总使用频数的 71%,在 20min 以上的频数仅占总使用频数的 21%.这就说明人们使用公共自行车主要是为了节省在较短路程上所花费的时间和费用.人们在较长的路程和时间上往往不选择使用公共自行车作为代步工具.

4.5 问题二

试统计 20 天中各天使用公共自行车的不同借车卡(即借车人)数量,并统计数据中出现

过的每张借车卡累计借车次数的分布情况.

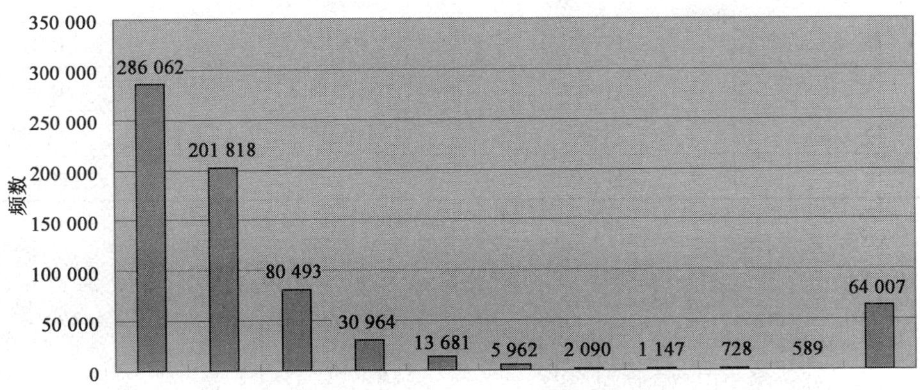

图4　每次用车时长的分布情况

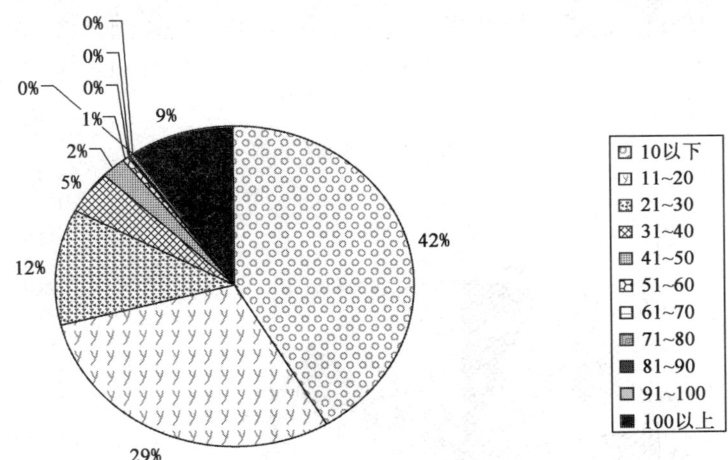

图5　每次用车时长的分布情况

4.5.1　统计20天中各天使用公共自行车的不同借车卡(即借车人)数量(表5、图6、图7).

20 天的借车人数　　表5

天　数	人　数	天　数	人　数
1	16 842	7	18 884
2	17 461	8	10 596
3	9 668	9	7 044
4	14 677	10	4 153
5	17 983	11	15 098
6	18 709	12	18 195

续上表

天　　数	人　　数	天　　数	人　　数
13	19 534	17	15 414
14	19 463	18	15 309
15	18 677	19	19 190
16	11 333	20	20 024

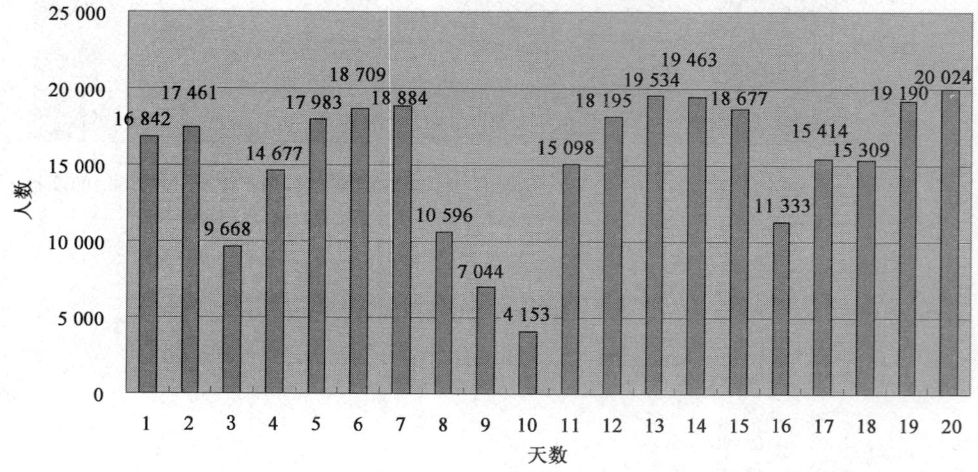

图6　20天的借车人数

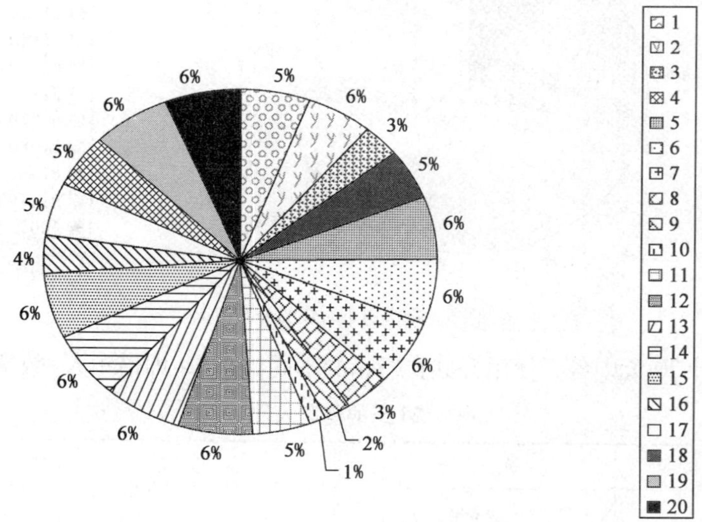

图7　20天的借车人数

由表5、图6、图7可知，每天的使用频率各不相同，但平均的使用次数在15 400人左右，且85%的天数使用公共自行车的人数超过10 000人，最高超过20 000人．这说明公共自行车在浙江省温州市鹿城区的使用频率较大，人们的环保意识也较强．

4.5.2　统计数据中出现过的每张借车卡累计借车次数的分布情况(表6、图8)．

每张卡借车次数的分布情况　　表 6

次　数	人　数	次　数	人　数
4 以下	9 039	16 ~ 18	2 870
4 ~ 6	7 192	19 ~ 21	2 411
7 ~ 9	5 768	22 ~ 24	2 041
10 ~ 12	4 585	25 ~ 27	1 621
13 ~ 15	3 665	28 ~ 31	1 666
31 以上	4 565		

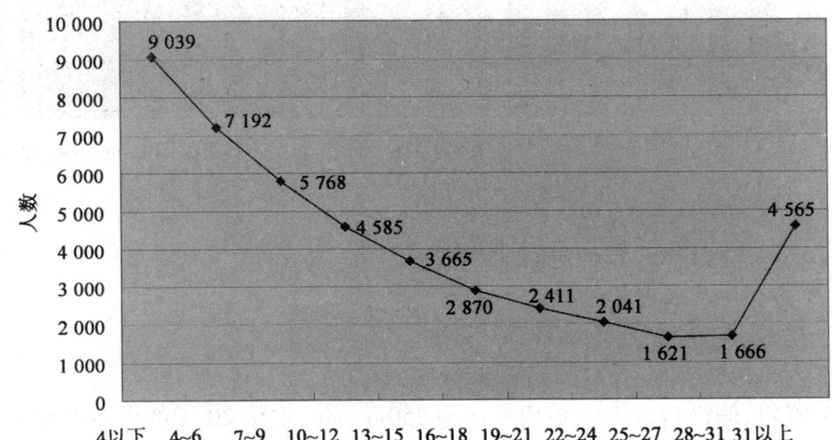

图 8　每张卡借车次数的分布情况

由表 6、图 8 可知，人们借车的次数在 1 ~ 12 次之间，随着次数的增加，人数呈下降趋势. 这说明人们在这 20 天内使用自行车的次数不多.

4.6　问题三

找出所有已给站点合计使用公共自行车次数最大的一天，并讨论以下问题：

(1) 请定义两站点之间的距离，并找出自行车用车的借还车站点之间(非零)最短距离与最长距离. 对借还车是同一站点且使用时间在 1min 以上的借还车情况进行统计.

(2) 选择借车频次最高和还车频次最高的站点，分别统计分析其借、还车时刻的分布及用车时长的分布.

(3) 找出各站点的借车高峰时段和还车高峰时段，在地图上标注或列表给出高峰时段各站点的借车频次和还车频次，并对具有共同借车高峰时段和还车高峰时段的站点分别进行归类.

4.6.1　所有已给站点合计使用公共自行车次数最大的一天(图 9).

由图 9 可知，在第 20 天使用公共自行车次数最大的一天，使用频次达到了 42 262 人次. 而在第 10 天使用公共自行车次数仅为 6 991 人次，这说明每天的使用频次不确定，且差距较大. 气温、降雨、路况等都是影响使用公共自行车次数的因素.

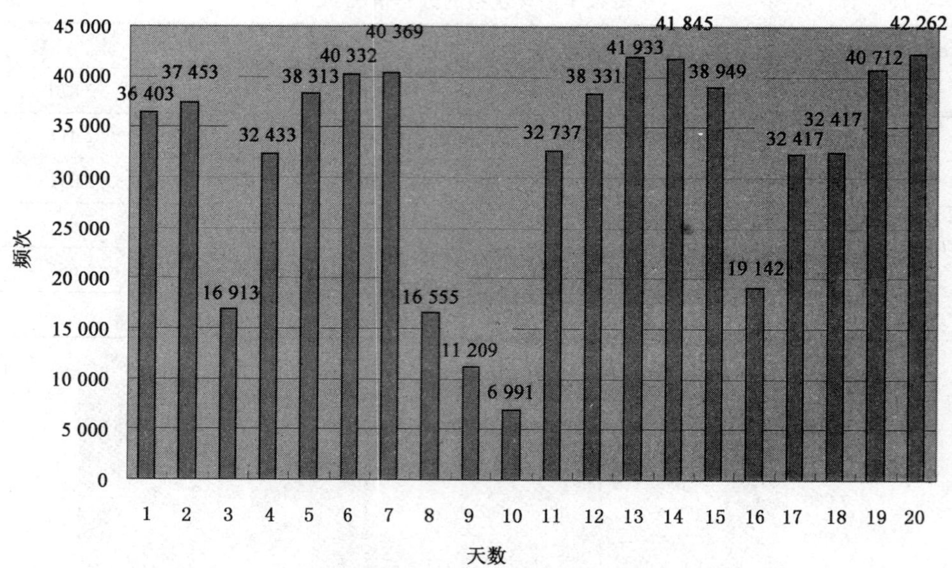

图9　所有已给站点合计使用公共自行车次数

4.6.2　定义两站点之间的距离.

公式:

$$C = v(t_i - t_1)$$

据查相关资料,假设自行车的平均车速为250m/min,由第20天的借还车相关数据可以找出借还车站点之间(非零)最短距离为 $S_1 = 1 \times 250 = 250\text{m}$,最长距离为 $S_2 = 178 \times 250 = 44\,500\text{m}$(大于178min以外的不予考虑).

4.6.3　第20天所借自行车用车的借还车站点之间(非零)最短距离与最长距离.

由表7可知,使用公共自行车的借还车站点之间(非零)最短距离为1min,最长距离为708min.这说明根据不同人的不同需求,使用公共自行车的时间也随之变化,且最短距离与最长距离相差巨大.

自行车使用的时间(单位:min)　　表7

	15	30	45	60	75	90	105	122	145	192	243
1	16	31	46	61	76	91	107	123	146	199	248
2	17	32	47	62	77	92	108	124	153	200	253
3	18	33	48	63	78	93	109	126	154	201	256
4	19	34	49	64	79	94	110	127	155	202	260
5	20	35	50	65	80	95	111	130	160	205	289
6	21	36	51	66	81	96	112	131	162	208	378
7	22	37	52	67	82	97	113	132	177	215	382
8	23	38	53	68	83	98	114	135	181	216	565
9	24	39	54	69	84	99	115	136	182	223	595
10	25	40	55	70	85	100	116	137	183	228	708

续上表

	15	30	45	60	75	90	105	122	145	192	243
11	26	41	56	71	86	101	118	138	184	233	
12	27	42	57	72	87	102	119	139	186	236	
13	28	43	58	73	88	103	120	143	187	237	
14	29	44	59	74	89	104	121	144	190	240	

4.6.4　对借还车是同一站点且使用时间在1min以上的借还车情况的统计(表8).

对借还车是同一站点且使用时间在1min以上的借还车情况统计表　　表8

相同站点	频次	相同站点	频次	相同站点	频次	相同站点	频次
安澜轮渡码头	12	火车站对面	5	桥儿头交运国旅	21	沃尔玛(欧洲城)	25
安平大厦	20	建设大厦	18	勤奋路花坦小区	16	吴桥路观松楼	22
白鹿洲公园	8	江滨路车站大道	13	勤奋路市财政局	2	吴桥路加油站	8
百里路勤奋路口	16	江滨路府东路口	9	清明桥站	15	五马美食林	51
百里小学	13	街心公园	35	区地税局	10	物华天宝	12
滨江街道办事处	4	金桥路桃源居	13	区政府东	13	西城菜场	6
滨江美景园	13	金色家园	17	区政府西	25	喜来登酒店	4
测试点	1	金迅达大厦	5	群艺大楼	8	县前头	45
春晖路口	16	锦江家园	20	人才大厦	21	小南门电力局	19
粗糠桥	8	九山公园	12	人力资源社保局	4	小南门立交桥	22
粗糠桥公交站	4	巨一花苑	16	三桥下	5	新城车站	9
大南门农贸	23	均瑶宾馆对面	28	上村小区	9	新城大道体检中心	4
大士门石坦小学	13	开太百货	28	上陡门住宅公交站	12	新南亚大酒店	11
大世界超市	8	科技馆	6	上田菜场	4	新田园人本超市	13
大自然家园	12	拉菲度假酒店	5	十四中学	10	信河嘉会里路口	10
东阿外楼	20	黎明街道卫生中心	6	时代广场	18	星河广场	11
东方灯具市场	33	黎明路电信大厦	18	时代海景	9	杏花路十七中路口	14
东门商业步行街	20	丽都大厦	9	世纪联华	28	杏花路水心菜场	12
东南剧院	6	龙方家园	7	市电力局	10	绣山卫生院	11
都市花苑	10	鹿城法院	6	市二医院	22	绣山中学	7
帆影广场对面	18	鹿城路嘉乐迪	14	市公安局	13	学院大厦	7
繁华公寓	11	鹿城路旅集散中心	12	市九中	21	学院东路丰源路口	4
方正大厦	5	鹿城区公安局	9	市审批中心	6	雪山路－勤奋路口	9
府东家园公交站	8	鹿城区审批中心	10	市图书馆	13	巽山公园	14
妇女儿童中心	2	鹿城实验中学	5	市政府西	3	阳光花苑	29
工人文化宫	11	绿洲花园农行外	18	数码广场	26	杨府山公园停车场	3
公共自行车中心	3	马鞍池公园北	18	双龙路王子花苑	12	杨府山南大门	6

续上表

相同站点	频次	相同站点	频次	相同站点	频次	相同站点	频次
公交集团	7	马鞍池路杏花路口	16	水心过境路口	15	医学院	23
公交上徒门始发站	8	马鞍池南	12	水心汇昌路口	14	银都花苑	12
公园路去茶去	7	马鞍池吴桥路口	23	水心邮电	21	银泰百货	12
公园路新华书店	24	马鞍池西路89号	4	松台广场	9	迎潮大厦	9
广化街道	16	妙果寺	9	汤家桥北路新田路	2	鱼鳞浃	10
广信大厦	21	墨斗小区	30	汤家桥北云中花园	13	裕达大厦农业银行	12
国光大厦	23	南郊派出所	9	汤家桥路英豪花园	6	远东大酒店	9
国际大酒店	28	南浦街道	15	特警支队	30	云锦大厦	11
国际贸易中心	13	南浦桥	11	体育中心南	9	站前东小区	16
过境路黄龙商贸城	15	南浦小区	16	体育中心西	45	浙江工贸学院	10
过境路宽带路口	15	南浦医院	12	望江路广化桥路口	1	浙南农贸市场对面	9
海港大厦	12	南塘一组团	10	温四中	12	质量监督局	6
海悦名邸酒店	8	牛山北路文杰酒业	9	温州大剧院	7	中瑞曼哈顿	15
宏源路数码大厦	13	瓯昌饭店	13	温州大厦	11	中山公园北	15
洪殿奥康	35	瓯海二高	14	温州建国医院对面	7	中西医结合医院	9
黄龙商贸城北	7	瓯江路鹿城广场	6	温州十九中	9	(空白)	1
会展中心	1	蒲鞋街道卫生中心	21	温州石化总公司	14	总计	2 358
惠民路与航标路口	6	桥儿头公交站	19	文景花苑东	22		

由表8可知,对于借还车是同一站点且使用时间在1min以上的借还车次数不同,最少的借车次数只有1次,而最多的有45次.这说明人流量之类的因素是使用公共自行车的主导因素.

4.6.5 借车频次最高和还车频次最高的站点(附件3、附件4).

由附件3、附件4可知借车频次最高和还车频次最高的站点分别是街心公园(821人次)和五马美食林(786人次).可见使用公共自行车的借与还的数值相差不大,这说明人们每次使用完公共自行车都能还回指定的位置.

4.6.6 分别统计分析其借、还车时刻的分布及用车时长的分布(表9、表10).

街心公园和五马美食林的借、还车时刻分布 表9

时间(小时)	街心公园		五马美食林	
	借	还	借	还
6	4	15	12	13
7	32	84	55	58
8	62	127	62	341
9	66	70	104	58
10	60	61	46	47
11	75	48	46	39

续上表

时间(小时)	街心公园		五马美食林	
	借	还	借	还
12	70	57	90	41
13	63	66	58	44
14	56	61	42	47
15	66	58	50	59
16	66	37	68	61
17	119	49	117	95
18	33	38	49	58
19	29	18	34	32
20	18	3	41	32
21				11

用车时长的分布　　表 10

时间(min)	五马美食林	街心公园	时间(min)	五马美食林	街心公园
1～10	754	740	61～70	4	2
11～20	416	524	71～80	0	2
21～30	170	143	81～90	0	1
31～40	59	76	91～100	1	0
41～50	16	22	100 以上	1	3
51～60	6	7			

由表 9、表 10 可知，借车时刻以 17 点最高，还车时刻以 8 点最高. 这说明人们使用公共自行车主要是在上下班的阶段，是为了节省上下班的时间.

4.6.7　各站点的借车高峰时段和还车高峰时段，及高峰时段各站点的借车频次和还车频次，对具有共同借车高峰时段和还车高峰时段的站点分别进行归类(图 10、图 11、附件 7、附件 8).

由图 10、图 11、附件 7、附件 8 可知第 20 天具有共同借车高峰时段的分布集中在 7:00～9:00和 17:00～18:00，第 20 天具有共同还车高峰时段的分布集中在 8:00～9:00 和 17:00～18:00，我们可以猜测公共自行车主要用于上下班的使用.

4.7　问题四

请说明上述统计结果携带了哪些有用的信息，由此对目前公共自行车服务系统站点设置和锁桩数量的配置做出评价.

4.7.1　上述统计结果携带的有用信息.

(1)由图 4 可知，使用公共自行车在 20min 以下的频数占到总使用频数的 71%，在 20min 以上的频数仅占总使用频数的 21%.

(2)第 20 天具有共同借车高峰时段的分布集中在 7:00～9:00 和 17:00～18:00，第 20 天具有共同还车高峰时段的分布集中在8:00～9:00和17:00～18:00(图10、图11).

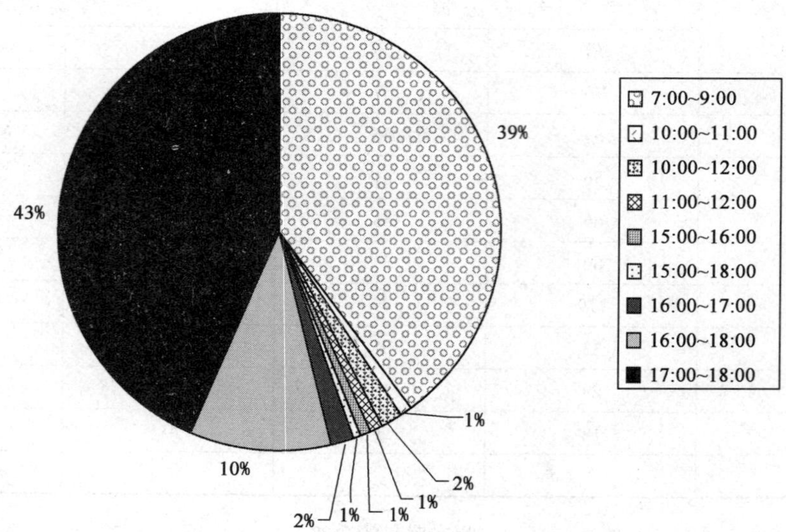

图10　第20天具有共同借车时段站点的分布情况

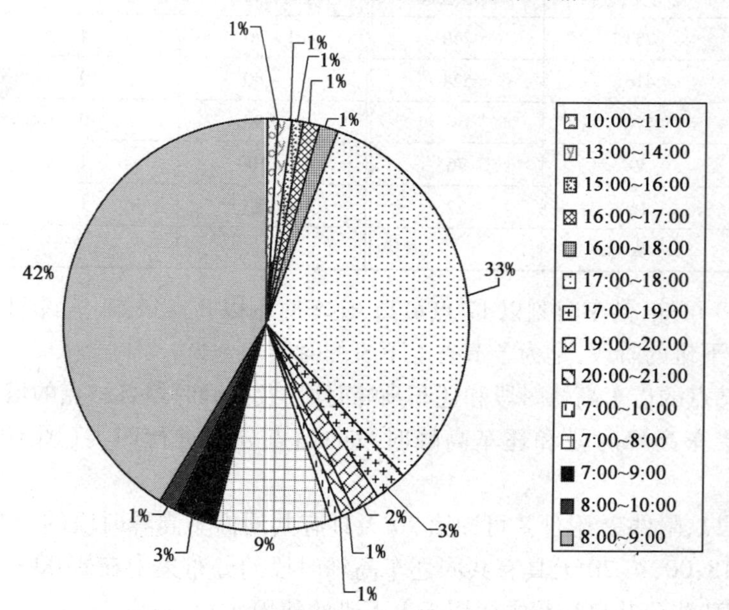

图11　第20天具有公共还车高峰时段的分布

(3)在第20天借车频次最高和还车频次最高的站点分别为街心公园和五马美食林.

(4)锁桩数量根据实际需要进行配置,各站点的锁桩数量大致在20～50之间(附件5).

(5)对于借还车是同一站点且使用时间在1min以上的借还车次数不同,最少的借车次数只有1次,而最多的有45次(表8).

由上述的有用信息可知,在借车和还车较频繁的站点,它的锁桩数量就较多;在借车和还车较不频繁的站点,它的锁桩数量就较少.这说明锁桩是根据车子的使用情况来配置的,是为了满足人们需求.

公共自行车服务系统的站点设置范围大致分布在人群密集的生活区域和与城市轨道交通结合的地点.

4.7.2 对目前公共自行车服务系统站点设置和锁桩数量配置(附件5)的评价.

(1)首先,公共自行车站点主要布设在生活行道路上,结合了自行车作为慢性交通的出行特征.站点布置在公交车站附近,方便了市民的交通换乘,很好地作为公交车的延伸方式.同时,站点间距由居住区向市中心区逐渐减小,基本上符合其人流分布的特征.

其次,站点的分布规模不成层次系统,出现有的站点利用率不高,而有的站点租车换乘紧张的现象.虽然曾采取过诸如在很近的距离内增设站点的措施,但这样所带来的占用人行道现象又被进一步加剧了.同时站点设置的具体位置也在进一步的调整中,如由于市民的反应被拆迁的站点也不少,而且拆除的基本上都是利用率不大高的站点.

公共自行车站点占用人行道现象较为突出.由于公交车和公共自行车站台均设置在人行道上,占据了不少人行道的使用空间,使得本来就不能满足行人要求的人行道更加狭窄.

(2)从交通换乘、缓解交通压力角度对公共自行车进行评价.

一方面,公共自行车很好地构建起公交交通与自行车的换乘.调查结果显示,公共自行车系统在公交优先策略的实施中起到了很大的作用.市民多是在乘坐公交车后,在剩下的半小时到一小时的车程内选择自行车.根据市民可以接受的自行车程,公共自行车系统将会是公交车的一种很好的延伸方式.

另一方面,公共自行车对于私家车使用者的吸引力微薄.现有的公共自行车站点紧密的结合了公交车的站点布置,可以看出其将慢行交通与公共交通结合的意图.但是面临由于私家车数量的不断增加所带来的城市交通问题,并没有很好的起到改变私家车出行方式的作用.

(3)从基础设施配套角度对公共自行车的评价.目前,武汉市缺乏专门的自行车车道,非机动车道过窄,并且存在乱停车占用非机动车道的现象,这些都给市民的出行带来了危险.

4.8 问题五

找出公共自行车服务系统的其他运行规律,提出改进建议.

4.8.1 公共自行车服务系统的其他运行规律.

规律一,自行车和锁桩的数量与时间呈负相关.

假设t代表时间,Y代表自行车数,z代表锁桩数:

(1)在w代表市中心的距离的情况下,则$f(t,w)=Y,z=g(t,w)$.

(2)在不考虑w的情况下,Y是t的减函数,$Y=-at+b$(其中a代表系数,b代表一个常数).

规律二,市区的自行车数和锁桩数与郊区的自行车数和锁桩数,其各自相同的项成反比.

规律三,周一到周二使用自行车频数高,周末使用人数较少.

4.8.2 提出的改进建议.

(1)在距离相距较短的站点(如20min以下)自行车和锁桩的数量要根据时间的减少而增加.

(2)在市中心的站点自行车数要比锁桩数多,郊区的锁桩要比自行车多.多多少数量要根据管理员所记录的车无处停或车过多的情况来详细操作.

(3)保证自行车交通的连续性,尽可能使自行车专用道路形成网络.

(4)调整与优化现有道路,必须新辟道路的,则在能满足居民出行要求的前提下尽可能寻找成本低、影响小的方案.

(5)在星期一到星期五时管理人员要增加(相对周末的时候),加强自行车服务系统及锁桩管理.

(6)在每隔 20min 就有一个服务点,方便市民.

5. 模型的优点与缺点

本数学模型还不是太完善,且现实中也存在诸多不确定的因素,受到的限制的条件太多,客观因素影响明显,内容范围广泛. 比如,温州市鹿城区的人流情况、路况、人自身的素质等都影响着公共自行车使用的情况.

经过不断的分析计算表明,我们建立的模型是成立的,且所建立的模型简洁、明了,易于推广,便于使用数学工具,降低了编程求解的难度,缩短了运行时间,提高了工作效率.

优点:

(1)在本文中模型多次运用了 Excel 等软件进行了统计、分析、求解,考虑了实际的交通服务系统运行规律,符合社会实际的情况.

(2)本文的模型能适用于大多数的情况,具有很大现实价值.

(3)本文对较大的数据信息进行细化分阶段一一分析,在实施方案的时候具有较大的参考价值.

缺点:

该模型在一些比较特殊的、数据量较大的问题中,还存在一定的局限性.

参 考 文 献

[1] 姜启源. 数学模型[M].3 版. 北京:高等教育出版社,2003.

[2] 张国勇. 高职数学教程(下册)[M].2 版. 北京:高等教育出版社,2011.

[3] 百度文库、百科、知道.

[4] 中国大学生在线网站:http://www.unlvs.cn.

[5] 中国数学建模网:http://www.shumo.com.

[6] 温州市鹿城区公共自行车管理中心网站:http://www.wzbicycle.com.

附件 1 20 天内借车、还车的次数统计

附件 2 所有站点累计借还车频次排序

附件 3 20 天内还车的次数统计

附件 4 第 20 天还车频次明细

附件 5 各站点锁桩数统计

附件 6 20 天内各个站点的借还情况

附件 7 第 20 天各站点的借车高峰时段和借车频次

附件 8 第 20 天共同借车高峰时段的站点归类

(以上附件略)

[论文点评]

本题的难点和关键在于如何从数据中发现隐藏于其中的规律,建立合适的数学模型,分析公共自行车站点分布和自行车锁桩设置的合理性.

本文采用的方法基本正确,思路清晰,解法简炼有效,综合利用 Excel 软件的各种函数、排序和统计分析等功能进行分析,结果基本合理.

作者应用描述性统计方法对20天中每天及20天全部的借车频次和还车频次、每次自行车用车时长的分布等进行分析,通过直方图、饼图等统计形式给出明确结果;同时分析借车人的日租车、20天内租车、两站点借出自行车的用车时间等分布规律,作出20天内累计借车次数的分布柱状图,给出所有给定站点的借、还车频次与时间的规律等.但未能详尽地对自行车服务点进行分类,从而利用聚类结果确定评价指标、建立合理的数学模型来判断站点分布的合理性,找出锁桩数及设置不合理的站点.

附录一

土建数学实训须知

《土建数学实训》是针对土建工程类专业学生进行核心能力培养和提升的一门实践课程，以《土建数学》课程为知识前提，与《数学实验》、《数学建模》等课程相结合，在学习完《土建数学》课程之后进行的为期一周的实训课程.

本实训课程的主要内容为介绍数学建模的过程、步骤及数学软件 Maltab 的使用. 通过本实训教学活动，要求学生能初步掌握数学建模的思想和方法；具有初步运用数学软件求解数学问题的能力；培养学生思考问题、解决问题的素养和团队精神；学会综合运用各种资料及所学数学知识，分析和解决实际问题；同时提升学生的综合职业能力、创新精神和良好的职业道德.

一、实训任务和要求

(1)能够对实际问题进行分析，选择正确的数学方法，建立数学模型.

(2)能够对土建工程中的有关问题进行思考，学会搜索相关背景和问题所涉及的知识.

(3)能够正确运用 Matlab 软件，对极限、导数、积分、微分方程、概率统计、线性规划等问题给出相应的命令程序进行求解.

(4)具备运用 Word、Excel、Mathtype 等工具撰写论文和进行格式编辑的能力.

二、实训方式

(1)学生实训采取分班级、分组集中实训和分散实训的方式.

(2)集中实训是学生在数学实验室进行上机学习和实训；分散实训是以学生自行在图书馆查阅资料、小组讨论、撰写报告等方式进行.

(3)集中实训应根据各班级和小组安排的时间进行，具体时间和实训内容由指导教师安排.

(4)分散实训期间，学生应根据指导老师布置的任务查阅资料、小组讨论、撰写实训报告和论文.

(5)学生基于班级进行分组管理.

三、实训成果

(1)按要求完成各实验内容并提交实训报告.

(2)学生按三人组成一个小组，完成所选题目的数学建模论文，在实训周的最后一天提交.

(3)提交实训报告和数学建模论文时,应同时提交电子稿.

四、考核评价

(1)以考查方式考核学生对数学软件 Matlab 的掌握程度,注重过程性评价;总评成绩 90 ~ 100 分为优,80 ~ 89 分为良,70 ~ 79 分为中,60 ~ 69 分为及格,60 分以下为不及格.

(2)实训成绩构成:实践考核占 50%,数学建模论文占 20%,平时成绩占 30%.

(3)实践考核通过上机操作进行,并根据提交的实训报告评定成绩.

(4)平时成绩以学习态度和出勤情况评定.

附录二

《土建数学实训》课程教学标准

课程代码:30022201
课程名称:土建数学实训
课程类型:专业基础课
总 学 时:30　　讲课学时:12　　实验学时:18
学　　分:1
适用对象:土建工程类专业学生
先修课程:土建数学

第一部分　前　　言

一、课程性质与地位

《土建数学实训》是高职院校针对土建工程类专业学生进行核心能力培养和提升的一门实践课程,以《土建数学》课程为知识前提,与《数学实验》、《数学建模》等课程相结合.

本课程的主要内容为系统介绍数学建模的过程、步骤及数学软件 Maltab 的使用. 通过本课程实训教学活动,学生能初步掌握数学建模的思想和方法,具有初步运用数学软件求解数学问题的能力;培养学生思考问题、解决问题的素养和团队精神,学会利用各种资料及综合运用所学数学知识,分析和解决实际问题;同时提升学生的综合职业能力、创新精神和良好的职业道德.

二、课程基本理念

(1)加强素质教育,强化职业道德,明确培养目标.

(2)加快课程改革与建设,培养学生的创新精神和职业素养.

(3)改革人才培养模式,采用任务驱动式教学,突出实践能力的培养.

(4)加强过程性评价,注重学生动手能力和解决问题能力的考核,完善教学评价体系.

《土建数学实训》课程作为土建工程类专业的实践课程,首先要应着眼于学生全面发展和职业竞争的需要,突出职业能力培养,体现基于职业岗位素质和实践能力的课程设计理念,以实际问题的简化模型为载体组织教学内容,采用新的教学方法和手段进行实施.

三、课程设计思路

本课程的设计"以能力为本位、以职业实践为主线、以项目课程为主体",开展典型工作任

务分析，准确把握技能人才的知识、能力、态度要求，从培养学生的职业知识技能、职业素质和职业态度入手，进行任务驱动式教学、项目式案例的课程开发.

通过对土建工程中常见问题数学模型的分析，确定了《土建数学实训》课程的学习目标，依据课程目标、现有的教学条件、学生基础及学生的发展等多方面因素进行任务的选取. 本课程共选取了五个学习情境，其前后排序符合学生认知规律，从简单到复杂，从单一到综合排列；各个学习情境通过具体实训环节进行教学化加工，课程综合实训既可在实验室完成，也可在图书馆实现.

第二部分 课 程 目 标

一、总体目标

通过本课程实训教学活动，学生能初步掌握数学建模的思想和方法；具有初步运用数学软件求解数学问题的能力；培养学生思考问题、解决问题的素养和团队精神；学会综合运用各种资料及所学数学知识，分析和解决实际问题；同时提升学生的综合职业能力、创新精神和良好的职业道德.

二、分类目标

1. 专业能力目标

(1)具有较强的数学逻辑思维；
(2)具有较强的创新能力，能独立快速建立数学模型完成题目的解题；
(3)能够结合 Mathtype、Maltab 等数学软件，解决实际问题，编写论文；
(4)熟悉现有土建工程中常用的数学方法.

2. 方法能力目标

(1)具有制订工作计划的能力；
(2)具有查找资料、并从资料中获取信息的能力；
(3)具有自主学习、自我提高的能力；
(4)具有一定的口头与书面表达能力；
(5)具有一定的科学思维方式和判断分析问题的能力.

3. 社会能力目标

(1)具有良好的行为规范，职业道德和工作态度；
(2)具备高度的责任心和效率观念；
(3)具备良好的团队协作精神和职业习惯；
(4)具有自主学习能力和不断创新的意识；
(5)具有遵纪守法的意识，选题内容健康积极向上.

第三部分　课程教学内容标准

按照任务驱动式教学设计思想的要求，按照学生的认知规律，学习情境设计从简单到复杂，从单一到综合，以递进的方式完成软件的学习和数学建模论文的书写. 各个学习情境之间相对独立性，形成由整体到局部，再由局部到整体的学习结构.

教学单元	子单元	目　标	教 学 内 容	学时
第一单元 数学建模与 Matlab 简介	模块一 数学建模及 Matlab 概述	(1)了解数学建模的特点、分类、建模方法与步骤； (2)熟悉 Matlab 的界面与功能； (3)能够新建、打开、保存文档	(1)数学建模概述； (2)Matlab 简介； (3)Matlab 安装与使用	2
	模块二 Matlab 基本 操作	(1)能够使用简单的运算符； (2)Matlab 常用命令与简单绘图	(1)Matlab 常用命令； (2)Matlab 常用函数命令与绘图	2
	模块三 初等模型	会分析、求解初等模型	初等模型	2
第二单元 微积分运算 及优化模型	模块四 微分运算	能够熟练应用软件计算函数极限和导数	(1)一元函数极限； (2)一元函数导数； (3)多元函数偏导数； (4)隐函数的导数	2
	模块五 积分运算 及模型	能够熟练积分的运算，会应用软件计算一元函数和二元函数的积分	(1)函数积分； (2)数值积分； (3)二重积分	2
	模块六 函数极值	会应用软件求一元函数和二元函数的极值	(1)一元函数极值； (2)二元函数极值	2
	模块七 极值优化 模型	能够熟练使用 Matlab 进行极值优化(极值、最值)模型的建立	(1)极值优化模型介绍； (2)实例分析(模型建立、模型计算、模型评价)	2
第三单元 微分方程及 其模型	模块八 微分方程	了解微分方程求解的命令，能够熟练应用软件来求微分方程的解	(1)微分方程介绍； (2)微分方程命令	2
	模块九 微分方程 实例	了解微分方程模型并学会建立、求解模型	(1)微分方程模型介绍； (2)实例分析(模型建立、模型计算、模型评价)	2
第四单元 概率统计与 回归模型	模块十 概率统计的 有关计算	(1)能够熟练使用概率及数理统计的命令； (2)熟练使用 Matlab 进行概率及常用统计量的计算； (3)会用 Matlab 绘制统计图	(1)概率密度函数、概率值计算； (2)数学期望和方差； (3)统计图； (4)统计量计算	2

续上表

教学单元	子单元	目　　标	教 学 内 容	学时
第四单元 概率统计与 回归模型	模块十一 回归模型	了解回归模型并学会建立和求解回归模型	(1)回归模型介绍; (2)土建工程中回归模型的实例分析(模型建立、模型求解、模型评价)	2
第五单元 线性代数与 规划模型	模块十二 线性代数的 有关运算	(1)能够熟悉矩阵有关命令; (2)能够熟练使用软件进行矩阵运算; (3)能够熟悉线性方程组命令; (4)能够熟练使用软件进行线性方程组求解	(1)矩阵运算(加、减、乘); (2)求逆矩阵; (3)线性方程组命令; (4)线性方程组求解	2
	模块十三 线性规划 模型	了解规划模型并学会建立和求解规划模型	(1)规划模型介绍; (2)实例分析(规划模型建立、模型求解、模型评价)	2
第六单元 SPSS 使用 简介与回归 实例	模块十四 SPSS 软件 介绍	了解 SPSS 的界面和功能	(1)SPSS 的界面; (2)SPSS 功能简介	1
	模块十五 SPSS 解决 回归分析 模型	会利用 SPSS 解决回归分析模型	(1) 线性回归; (2)多项式拟合	2
第七单元 LINGO 简介 及应用实例	模块十六 LINGO 软件 介绍	(1)了解 LINGO 的使用和功能; (2)熟悉 LINGO 有关函数	(1)LINGO 使用介绍; (2)LINGO 模型的数据部分和初始部分; (3)LINGO 函数简介	1
	模块十七 LINGO 实例 应用	会利用 LINGO 解决线性规划模型	具体实例	2

第四部分　课程实施建议

一、各教学环节学时分配建议

教 学 单 元	讲课	习题课	讨论课	实验	其他	合计
第一单元:数学建模与 Matlab 简介	2			2		4
第二单元:微积分运算及优化模型	2			6		8
第三单元:微分方程及其模型	2			2		4

续上表

教学单元	讲课	习题课	讨论课	实验	其他	合计
第四单元:概率统计与回归模型	2			4		6
第五单元:线性代数与规划模型	2			4		6
第六单元:SPSS 使用简介与回归实例	1			2*		3
第七单元:LINGO 简介及应用实例	1			2*		3
合计	12			18+4*		30+4*

注:打星号部分可由学生利用课外时间完成.

二、教学建议

在课程设计与实训过程中,采用“任务驱动”、“项目式案例”教学法,进行“任务引领式”的教学,让学生通过执行任务来锻炼综合职业能力,充分体现学生的主体地位和教师的指导作用.

通过“课堂操作示范,同步模仿实验,单元独立实验,课外知识拓展”等步骤对学生进行层次式的能力培养.

最后由学生综合利用学过的数学知识,完成实训手册和数学建模论文的编写. 主要通过学生分组自主选题、设计实施方案、上机操作、完成论文、老师指导、答疑等步骤完成实训教学.

三、教学评价建议

(1)本课程主要以考查方式了解学生对数学软件 Matlab 的掌握程度.

(2)采用实践考核方式,通过上机操作考核学生应用数学软件解决土建工程中数学模型建模问题的能力.

(3)实践考核占 50%,数学建模论文占 20%,平时占 30%.

四、推荐教材和教学参考书

(1)推荐教材

陈秀华. 土建数学. 北京:人民交通出版社,2011.

(2)教学参考书

杨启帆. 数学建模. 杭州:浙江大学出版社,2006.

张国勇. 数学建模. 北京:中国财政经济出版社,2011.

卓金武. Matlab 在数学建模中的应用. 北京:北京航空航天大学出版社,2011.

乐经良. 数学实验. 北京:高等教育出版社,2011.

五、课程资源的利用与开发

课程网站,用于作业发布、教程素材下载、作业提交.